세상을 바꿀 미래 과학 설명서 1

스마트한 세상과 인공지능

세상을 바꿀

미래 과학 설명서 1

스마트한 세상과
인공지능

다른

신나는 과학을 만드는 사람들
안종제, 심선희, 정지수 지음

원리부터 시작하는
미래 과학 바로 보기

2030년이면 현재 있는 직업의 절반이 사라질 거라는 얘기 들어 보셨나요? 그때쯤이면 여러분이 사회에 진출하는 시기인데요. 정말 그럴까 하는 의심이 들죠?

불과 15년 전, 40장씩 10개 반에 배부할 학습지 400장을 통째로 복사해서 나누어 주던 때, 골무를 이용해 종이를 빠르게 셀 수 있게 돼 얼마나 기분이 좋았는지 몰라요. 그런데 2년도 지나지 않아서 40장마다 알아서 간지를 끼워 주는 복사기가 나왔어요. 정말 허무했죠. 지금은 이동하면서 스마트폰으로 인터넷을 하는 일이 익숙하지만 이렇게 된 지도 10년이 채 되지 않았어요. 앞으로는 더 놀라운 일들이 계속 일어날 겁니다.

기술 발전과 더불어 직업뿐만 아니라 우리 생활도 빠르게 바뀌어 나갈 거예요. 미래를 정확하게 예측할 수 있는 사람은 아무도 없습니다. 그렇다고 세상이 어떻게 변하고 있는지 관심을 갖고 공부하지 않는다면 움직이는 러닝머신에 위에서 그냥 멈춰 서 있는 사람이 되고 말 거예요. 특히나 미래 과학 기술은 결과를 누리는 것 못지않게 원리와 과정을 이해하는 일이 중요해요. 우리 삶에 엄청난 변화를 일으킬 미래 과학 기술을 올바르게 볼 수 있는 시각을 기를 수 있도록 말이죠. 《세상을 바꿀 미래 과학 설명서 1: 스마트한 세상과 인공지능》은 인공지능을 활용한 자율주행 자동차, 스마트 로봇, 사물인터넷 등의 미래 과학 기술이 어떤 원리로 작동되고 어디까지 발전했는지, 또 어떤 문제를 일으킬 수 있는지 골고루 다룹니다.

이 책에는 아홉 가지 미래 과학 기술과 그에 관한 논쟁이 담겨 있어요. 사람이 운전하지 않아도 알아서 길을 가는 자율주행 자동차는 어떻게 움직이는 것일까요? 세계 최고의 바둑 천재들을 이긴 알파고는 어떻게 바둑을 배웠을까요? 사람에게 서비스를 제공하고 나아가 감정을 읽는 로봇들과 함께하는 세상은 어떤 모습일까요? 정말 사람처럼 생각하고 행동하는 강인공지능 로봇이 인류를 공격하는 날이 올까요? 셰프들은 최고의 요리를 완성하는 셰프의 감각과 미각을 로봇이 절대로 따라올 수 없을 것이라 말합니다. 정말 로봇 셰프는 인간 셰프를 이길 수 없을까요?

재료를 가공해 물건을 만드는 제조업이 없다면 농기구 없이 농사를 짓고, 배 없이 물고기를 잡아야 할 거예요. 그런데 정보통신 기술이 이러한 제조업에 놀라운 발전을 가져왔습니다. RFID 칩과 3D프린터가 세상을 어떻게 바꿀지 궁금하지 않나요? 운송 수단 역시 발전을 거듭하고 있는데요. 영화에서 본 것처럼 로켓을 타고 우주로 갈 수 있는 날도 멀지 않았습니다.

빅데이터는 모든 미래 과학 기술의 중요한 재료입니다. 우리는 이러한 데이터를 어떻게 모아서 어떻게 쓰고 있을까요? 사물인터넷 역시 사물과 사물이 정보를 주고받는 빅데이터를 활용한 미래 과학 기술인데요. 자동으로 집 안 온도를 적절하게 조절하고, 집이 비는 시간에 세탁기를 돌리는 똑똑하고 편리한 기술이지만, 안전하게 사용하려면 주의를 기울여야 합니다. 마지막으로 현실과 가상의 경계를 넘나드는 증강현실과 가상현실은 직접 가 보기 힘든 곳의 풍경을 보거나 쉽게 도전해 보지 못한 체험을 할 수 있게 해 줄 거예요.

미래 과학 기술은 학교에서 배운 과학 원리를 활용한 것이기 때문에 이해하기 어렵지 않답니다. 이 책을 읽으면서 미래 과학 기술이 많은 사람을 행복하게 하는, 사람을 위한 기술로 쓰이려면 우리가 무엇을 해야 할지 고민해 보는 시간을 갖게 되길 바랍니다.

1 자율주행 자동차

자율주행 자동차는
어떻게 움직일까?

노인이 운전석에 오르자 자동차가 알아서 움직이기 시작합니다. 운전자는 놀랍게도 앞을 보지 못하는 시각장애인이에요. 자동차는 시속 60 킬로미터로 달리다가 햄버거 가게 앞에서 멈춥니다. 노인은 햄버거를 사서 차로 돌아와 먹으면서 편하게 드라이브를 즐깁니다. 이 자동차는 까다로운 주차도 척척 해냅니다. 운전석에 앉아 있던 스티브 마한Steve Mahan은 "손도 발도 필요 없네요. 여태껏 해 온 운전 가운데 가장 잘한 것 같은데요"라며 껄껄 웃습니다.

2012년 3월 구글은 미국 캘리포니아에 사는 한 시각장애인을 태우고 자율주행 자동차Self-Driving Car 시험운행에 성공했습니다. 스티브 마한은 혼자 자율주행 자동차를 타고 시내를 돌아다니며 볼일을 보고 편안하게 집에 돌아올 수 있게 되었지요.

어떻게 이런 일이 가능할까요? 앞을 보지 못하는 사람이 조수석이 아닌 운전석에 앉아 자동차를 운전하다니 말이에요. 실은 사람이 아니라 자율주행 자동차가 알아서 운전한 것이랍니다. 장거리 운전을 할 때 일정한 속도로 달리고, 차선을 벗어나면 경보를 울리고, 주차를 도와주는 자동차는 주위에서 많이 보았지요. 그런데 자율주행 자동차는 사람의 조작 없이 스스로 주행하는 것을 목표로 합니다. 아직은 기능과 안정성을 시험하는 단계이지만, 누구나 자율주행 자동차를 운전할 수 있게 되면 시각장애인뿐만 아니라 몸이 불편하거나 운전을 어려워하는 사람들도 쉽고 편리하게 원하는 곳 어디나 갈 수 있을 거예요.

누구나 자율주행 자동차를 운전할 수 있게 되면 시각장애인뿐만 아니라 몸이 불편하거나 운전을 어려워하는 사람들도 쉽고 편리하게 원하는 곳 어디나 갈 수 있을 거예요.

스스로 주행하는
자율주행 자동차

미래의 언니는 면허를 따고 중고차를 산 지 5년이나 지났는데도 초보 운전 스티커를 붙이고 다닙니다. 그러던 언니가 큰맘 먹고 며칠 전에 자동주차 시스템을 갖춘 자동차를 샀어요. 아침 출근길에는 자동차 앞면 그릴 위쪽에 있는 전방 카메라와 뒤쪽 범퍼에 달려 있는 후방 카메라를 이용해 좁은 아파트 주차장을 쉽게 빠져나오고, 회사에 도착해서도 진땀 빼지 않고 자동주차 시스템으로 간편하게 주차를 했다고 아주 신이 났어요.

앞으로 스스로 주행하는 자율주행 자동차를 타게 되면 얼마나 편할까요? 그런데 자동차 제조 회사뿐만 아니라 IT 기업들도 자율주행 자동차 개발에 많은 관심을 기울이고 있는데요. 왜 그럴까요?

IT 기업들, 자율주행 자동차 개발에 뛰어들다

구글의 자율주행 자동차 개발자인 서배스천 스런Sebastian Thrun 교수는 2011 테드TED 강연에서 왜 자율주행 자동차를 개발하게 되었는지 들려주었습니다. "열여덟 살 때 교통사고로 소중한 친구들을 잃었어요. 더 이상 자동차 사고로 생명을 잃는 일이 일어나지 않도록 하고 싶었지요." 그는 2005년 미 국방부가 개최한 사막을 스스로 주행하는 자동차 경주인 다르파 그랜드 챌린지The DARPA Grand Challenge에 참가해 대회 사상 처음으로 코스를 완주하고 1등 상금으로 2백만 달러(약 20억 원)를 받았습니다.

서배스천 스런 교수는 강연에서 복잡한 도로에서 운전자 없이 주행하는 자율주행 자동차를 찍은 영상을 틀어 자율주행 자동차가 얼마나 빠르고 안전하게 달릴 수 있는지 보여 주었습니다. 자동차가 스스로 장애물을 인식하고 알아서 피해 갈 수 있다니 정말 놀랍지요.

그런데 왜 구글과 같은 IT 기업이 자율주행 자동차 시장에 뛰어들었을까요? 자율주행 자동차의 핵심 기술은 자동차 제조 기술이 아니라 정보통신 기술이기 때문입니다. 자율주행 자동차는 지붕 위에 달린

레이저 장치로 자동차와 보행자 위치를 파악하고, 실내 백미러에 장착된 비디오카메라로 교통신호를 확인하면서 스스로 목적지를 찾아갑니다. 이를 위해서는 주변을 살피고 빠른 시간에 변화하는 상황을 분석해 결정을 내리는 '정보'기술이 필요하지요.

구글은 인공위성을 활용해 전 지구적으로 구축한 무선 인터넷망과 클라우드 서비스를 통해 저장된 빅데이터를 이용하고 있습니다. 애플은 편리하고 안정성이 높은 소프트웨어로 시장을 지배하고 있습니다. 스마트폰과 자동차를 연결해서 운전하면서 아이폰을 보다 쉽게 사용할 수 있는 차량용 소프트웨어 카플레이CarPlay를 개발했습니다. 더 나아가 자율주행 자동차를 위한 소프트웨어 연구에도 힘을 쏟고 있어요.

눈의 망막과 같은 역할을 하는 이미지 센서Image Sensor 산업의 시장 점유율 1위 기업인 소니는 스마트폰 카메라보다 4~5배 이상 값이 비싼 이미지 센서를 개발했습니다. 자율주행 자동차에 이 센서를 장착하면 일반 자동차 센서에 비해 10배 정도 반응 속도가 빨라지고 주위가 어두워도 장애물을 감지할 수 있어요. 자율주행 자동차에 쓰이는 다양한 첨단 기술은 IT 기업에 새로운 시장을 제공해 주고 있습니다.

자율주행 기술 0~5단계

미국 자동차기술자협회에 따르면 자율주행 기술은 크게 0~5단계까지 여섯 가지 단계로 나눌 수 있습니다. 0단계는 운전자가 차량을 직접 제어하는 단계로, 시스템은 주행에 영향을 주지 않습니다. 1단계는 시스템이 운전자를 지원하는 단계로, 운전자는 차의 속도나 방향을 통제하면서 특정 주행 조건 아래서 개별 기술의 도움을 받을 수 있습니다. 현재 많이 쓰이는 적응형 순항제어ACC, Adaptive Cruise Control, 차선유지 지원 시스템LKAS, Lane Keeping Assist System 등의 기술이 이 단계에 속합니다.

2단계는 부분 자율주행 단계로 기존의 자율주행 기술들이 통합되어 기능하는 단계입니다. ACC, LKAS가 결합해 고속도로 주행 시 차량과 차선을 인식함으로써 앞차와 간격을 유지하고 자동으로 방향을 조종하지요. 0단계에서 2단계는 운전자가 운전 상황을 점검하고 제어하는 반면 3단계에서 5단계는 시스템이 운전 상황을 점검하고 제어합니다. 3단계는 조건부 자율주행 단계로, 운전자가 상황에 따라서 적절히 대응할 수 있다면 시스템이 운전 상황을 제어하는 부분 자율주행이 가능합니다. 즉 도심에서는 교차로, 신호등, 횡단보도 등을 인식해 자동으로 차량을 제어하고, 고속도로에서는 일정 구간의 교통 흐름을 고려해 자동으로 차선을 바꾸거나 끼어들 수 있어요.

4단계는 운전자가 운전에 전혀 개입하지 않고, 시스템이 정해진 조건 안의 모든 상황에서 차량의 속도와 방향을 통제하는 등 적극적으로 주행하는 단계입니다. 최종 5단계는 운전자의 개입 없이 차량이 스스로 목적지까지 운행하고 주차하는 것은 물론 운전자가 타지 않아도 주행할 수 있는 단계를 의미합니다. 완전 자율주행 단계로, 운전하면서 일어날 수 있는 모든 상황을 시스템이 스스로 제어하는 완전한 자율주행이 가능하지요.

자율주행 자동차의 핵심 기술

그럼 이제 자율주행 자동차를 움직이는 핵심 기술을 알아볼까요. 자율주행 자동차의 첫 번째 핵심 기술은 자율주행 자동차용 운영체제OS, Operating System입니다. 이 운영체제는 자동차의 속도를 높이거나 줄일 때 쓰는 구동 장치인 가속기(엑셀)와 감속기(브레이크) 및 진행 방향을 바꾸는 조향 장치 등을 무인화 운행체제에 맞게 작동시킵니다. 또 소프트웨어와 하드웨어를 이용해 자율주행 자동차를 제어하는 역할을 해요.

두 번째 핵심 기술은 센서를 이용해 시각 정보를 모아서 처리하는 것입니다. 이 기술은 시시디CCD, Charge Coupled Device 카메라와 초음파 센서, 라이더LIDAR, Light Detection And Ranging 센서 등으로 주행에 필요한 정보를 취합하고 분석해 자율주행 자동차가 장애물을 피하고 돌발 상황에 대처할 수 있게 하지요. 자율주행 자동차에서 시각 정보를 처리하기 위해 사용하는 CCD(전하결합소자)는 디지털카메라에 쓰이는 중요한 부품 가운데 하나입니다. 디지털카메라로 사진을 찍으려면 사람의 시신경계와 같이 빛을 받아들여 영상을 만든 다음, 정보를 기억하는 장치가 필요해요.

이때 망막처럼 영상이 맺히고 이를 기억하는 장치가 바로 CCD입니다. CCD는 미국의 벨 연구소가 개발한 새로운 반도체 부품으로서 신호를 기억하고 전송하는 두 가지 기능을 동시에 갖추고 있습니다. 하는 일이 사람의 눈과 같아 전자 눈이라고도 불리며, 디지털카메라 외에도 천체망원경, 스캐너, 바코드 판독기, 로봇 등에 널리 쓰이고 있답니다.

거리를 측정하는 초음파 센서에서 사용하는 초음파는 무엇일까요? 사람이 귀로 들을 수 있는 진동수를 가청진동수라고 하는데, 보통 16~2만 헤르츠^{Hz}입니다. 2만 헤르츠보다 진동수가 큰 음파가 초음파인데요. 박쥐나 돌고래 같은 동물들은 초음파를 듣거나 발생시킬 수 있어요. 초음파는 우리 생활에서 다양하게 쓰입니다. 어부들은 초음파를 바닷물 속으로 보내는 어군탐지기를 써서 물고기가 어디에 많은지 알아냅니다. 물고기 떼에 부딪쳐 돌아오는 초음파 신호를 이용하는 것이지요. 임신부의 자궁 안에 있는 태아의 영상을 찍는 초음파 영상 장비나 자동차가 뒤로 후진할 때 장애물이 있는지 알려 주는 자동차 후방감지기에도 초음파가 쓰여요.

이번에는 주차보조 시스템에 사용되는 초음파 센서에 대해 알아볼까요. 초음파 센서는 반사파–음향$^{Echo\ Sounding}$ 원리에 따라 작동합니다. 이 센서는 주로 장애물과 얼마나 떨어져 있는지 거리를 잴 때 사용되는데요. 초음파 센서의 작동 원리를 순서대로 써 보면 다음과 같아요.

1) 초음파 센서는 일정한 간격을 두고 되풀이해 작동되는데, 먼저 센서에서 30킬로헤르츠^{KHz}의 초음파 신호를 발신합니다.
2) 초음파 센서가 수신 상태로 바뀌면서 장애물로부터 반사되는 음파를 받고, 반사된 초음파의 도달 시간을 계산해 장애물과의 거리를 파악합니다.

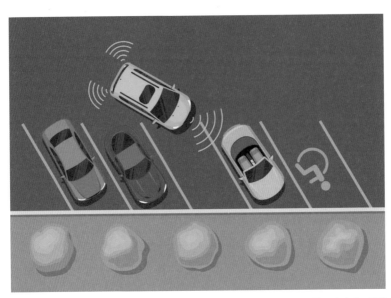

초음파 센서를 활용한 자율주행 자동차의 자동주차 시스템. 초음파 센서는 반사파–음향 원리를 사용해 장애물과 얼마나 떨어져 있는지 거리를 측정합니다.

3) 장애물이 가까이 있을 때는 운전자에게 경고 신호를 보내고, 장애물과의 간격을 알려 줍니다.

4) 수신된 신호 진동수를 보고 장애물이 앞에 있는지 뒤에 있는지 또는 옆에 있는지 파악합니다.

마지막으로 라이더 센서는 레이저를 이용해 물체와의 거리를 측정하는 센서로, 주변 환경을 인식해 주행 경로를 스스로 결정하는 데 중요한 역할을 합니다.

세 번째 핵심 기술은 인공지능 제어 장치입니다. 적응형 순항제어 장치는 운전자가 페달을 조작하지 않아도 스스로 속도를 조절해 앞차 또는 장애물과 일정한 거리를 유지시켜 주는 시스템입니다. 이러한 차량 경보 기능을 구현하기 위해 일반적인 영상처리 알고리즘이 아니라 정확도를 높일 수 있는 인공지능 기술을 도입하고 있습니다. 즉 알고리즘을 먼저 만들고 데이터를 넣어 가공하는 대신 데이터를 넣어 알고리즘을 만들어 내는 것이지요. 적응형 순항제어 장치는 자율주행 자동차가 신경회로망을 사용해 능숙한 운전자의 운전방식을 학습해 실시간으로 제어 명령을 내릴 수 있는 기술입니다. 숙련된 운전자의 운전 방식을 학습한다니 인공지능 알파고가 초기에 바둑을 배웠던 방식이 떠오르네요.

네 번째 핵심 기술은 사람이 조작하지 않고 스스로 운행하는 자율주행 자동차에 알맞은 조향 알고리즘입니다. 조향 장치는 자동차의 진행 방향을 바꾸기 위해 앞바퀴의 회전축 방향을 조절합니다. 자율주행 자동차가 중간에 엉뚱한 곳으로 가지 않고 정확하게 방향을 바꿔 가며 주행해 목적지에 도착하도록 말이에요.

구글에서 만든 자율주행 자동차, 구글카가 출발합니다. 구글카는 자동차 지붕 위에 설치된 레이저 거리 측정기를 통해서 얻은 측정값과 구글 맵Google Map에서 얻은 정밀한 주변 환경 정보로 도로 위의 각종 상황을 접수해 스스로 장애물을 피하고 교통신호를 지키며 주행합니다. 또한 충돌 사고가 일어날 때 충격을 완화하기 위해 자동차의 앞과 뒤에 설치한 범퍼에도 레이저 거리 측정기가 달려 있어 고속으로 운행할 때도 먼 거리를 관찰하며 주행할 수 있습니다.

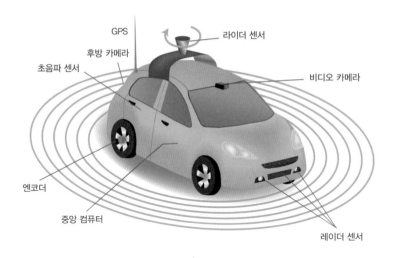

GPS
라이더 센서
후방 카메라
초음파 센서
비디오 카메라
엔코더
중앙 컴퓨터
레이더 센서

자율주행 자동차는 GPS, 라이더 센서, 초음파 센서, 레이더 센서를 복합적으로 이용해 자율주행 자동차용 운영체제를 작동합니다.

구글카 앞쪽 옆면에 달린 사이드미러와 실내 중앙에 설치된 백미러 쪽에 부착된 카메라는 신호등을 감지합니다. 또한 인공위성을 이용해 위치를 정확히 알 수 있는 위성위치확인시스템GPS, Global Positioning System으로 차량의 위치를 알아내요. 바퀴에 있는 엔코더Encoder는 바퀴 회전수로 차량 속도를 확인해 GPS가 보다 정확하게 자동차의 위치를 확인할 수 있게 돕습니다. 혹시 자동차가 달리는 중에 GPS가 제대로 작동하지 않으면 어떻게 될까요? 구글카는 이럴 경우 자동차의 속도, 위치, 진행 방향 등을 컴퓨터로 계산해 운행하는 관성항법장치INS, Inertial Navigation System를 이용해 목적지로 향합니다.

자율주행 자동차를 타면
무엇이 좋을까

명절을 맞아 미래와 언니는 부모님을 뵈러 서울에서 대전을 향해 출발합니다. 차가 막힐까 봐 아침 일찍 출발했더니 다행히 고속도로가 아직 한산하네요. 그런데 얼마 지나지 않아 도로 전광판에 '터널 앞 5킬로미터 정체'라고 문구가 뜹니다. '운이 없게 어디서 사고가 났나 보다'라고 생각하며 달리는데, 아니나 다를까 터널이 가까워지자 어김없이 차들이 천천히 움직입니다. 그런데 30분이나 걸려 터널을 간신히 빠져나오니 언제 밀렸는지 싶게 차들이 쌩쌩 달리지 뭐예요. 도로에 사고가 난 흔적도 없고요. 미래는 이게 바로 '유령 정체구나'라고 생각했어요.

교통사고는 줄고 자유 시간은 늘어나요

미래가 부모님을 뵈러 가는 길에 겪은 '유령 정체'는 왜 일어나는 걸까요? 보통 차가 밀리면 사람들은 도로에 차가 많거나 사고가 났기 때문이라고 생각합니다. 그런데 관련 연구에 따르면 교통 체증은 대개 사람들의 운전 습관 때문에 발생합니다. 운전자들이 가다 서다를 반복하고, 도로가 좁아지는 지점을 앞두고 지나치게 일찍 한쪽 차선으로 몰리면서 차가 밀리는 것이지요. 그렇다면 운전자가 좀 더 정확한 교통 정보를 알 수 있다면 불필요하게 차가 밀리는 일을 줄일 수 있지 않을까요?

　페덱스, 디에이치엘과 함께 세계적인 물류회사로 손꼽히는 유피에스의 택배기사 관리 시스템을 한번 살펴보지요. 이 회사는 택배기사들이 움직이는 모든 동선과 도로 지도를 데이터로 남기고, 택배기사는 항상 작은 컴퓨터를 들고 다니며 배송 상황을 기록합니다. 매일같이 수십 곳에 물건을 배달하는 택배기사의 트럭에는 수많은 센서가 장착돼 있어요. 이 센서들은 기사가 안전띠를 맸는지, 평균 운전 속도는 얼마인지, 브레이크를 제대로 밟았는지 등과 같은 정보를 트럭 안에 있는 작은 블랙박스에 저장합니다. 저장된 정보는 데이터 센터로 전송되지요.

　이렇게 모인 빅데이터를 바탕으로 유피에스는 가장 효율적인 배송 경로를 찾고, 그 내용은 택배기사의 작은 컴퓨터로 수시로 전달됩니다. 컴퓨터에는 GPS가 내장되어 있어 컴퓨터에 특정 주소를 입력하면 "배송 주소에서 개를 조심하세요"와 같은 안내문이 뜨기도 합니다. 또한 하나의 배송이 끝나면 다음에 해야 할 일을 알려 주지요. 이러한 시스템을 사용했더니 실제로 배송하는 데 걸리는 시간이 줄어들어서 택배기사들이 하루에 배달하는 택배 개수가 늘어났다고 합니다.

　이렇게 주행 안내 데이터를 차량에 부착된 컴퓨터로 전송받고 더 나아가 컴퓨터가 직접 운전을 하게 만들면 어떨까요? 바로 자율주행 자동차처럼 말이에요. 컴퓨터가 운전을 하게 되면, 자동차의 속도는 언제나 일정하게 유지되고, 도로가 좁아지는 지점을 앞두고서는 가장 적절한 시점에 차선을 바꿀 테니, 교통 체증을 획기적으로 줄일 수 있지 않을까요. 또 불필요하게 가다 서다를 반복하는 일을 피해 연료 효율을 높여 탄소 배출량을 줄일 수 있습니다.

구글은 2012년 일반 도로에서 자율주행 자동차 시험운행에 성공했다고 알리며, "지금 우리의 목표는 자동차 사용을 근본적으로 혁신함으로써 교통사고를 예방하고, 탄소 배출을 줄이고, 자동차 안에서 시간을 자유롭게 쓰는 것"이라고 말했습니다.

그럼 자율주행 자동차의 장점을 한번 정리해 볼까요. 첫째, 생명을 보호해 줍니다. 자동차 사고는 주로 운전자들의 실수로 일어납니다. 통계청이 발표한 2015년 사망원인 통계에 따르면 20대 이하의 사망원인 2위가 교통사고입니다. 경찰청은 교통사고의 주요 원인 네 가지로 과속, 음주, 운전 미숙과 부주의, 전방주시 태만을 지적하고 있어요. 최근에는 운전하면서 핸드폰을 사용하느라 앞을 제대로 보지 않는 전방주시 태만으로 일어나는 교통사고가 눈에 띄게 늘어나고 있다고 합니다.

사람은 운전할 때 말을 하거나 음악을 들으면 쉽게 산만해집니다. 졸릴 때도 있으며, 시력이나 반응 시간에서 비롯되는 육체적 한계도 갖고 있어요. 반면 자율주행 자동차는 360도 시야를 갖고 있고 레이더와 같은 특수 장비로 밤에도 잘 볼 수 있습니다. 인간의 육체적 한계를 뛰어넘는 능력으로 사고가 날 확률을 낮추지요.

둘째, 버리는 시간을 줄여 줍니다. 자율주행 자동차는 교통 혼잡을 해소해 운전하는 시간을 줄여 줘요. 또한 주차 장소를 찾거나 주차하는 데 걸리는 시간도 줄여 줍니다. 2015년에 컨설팅 전문업체 맥킨지에서 발표한 보고서에 따르면 자율주행 자동차가 일상적으로 사용되는 2050년이 되면 자율주행 자동차를 이용하는 사람들은 평균 하루 50분씩 더 많은 자유 시간을 가질 것이며, 미국의 교통사고 건수를 최대 90퍼센트까지 줄여 해마다 들어가는 도로 보수를 비롯한 사고처리 비용도 대폭 감소할 것으로 예상했습니다.

셋째, 에너지를 절약할 수 있습니다. 자동차를 잘 감지할 수 있는 자율주행 자동차는 다른 차량과의 차간 거리를 가깝게 유지하며 운행할 수 있어서 공기저항을 줄일 수 있습니다. 이는 연료 소비량을 줄이는 것과 바로 연결되지요.

자율주행 자동차에도 면허가 있을까

제너럴모터스, 폭스바겐 등 외국 자동차 회사뿐만 아니라 우리나라 자동차 회사들도 자율주행 기술의 하나로 정해진 속도를 유지하는 정속 주행 기능, 자동주차 기능, 차선이탈 방지 기능 등을 사용하고 있습니다. 지난 2010년 구글이 처음으로 일반 도로에서 자율주행에 성공한 이후, 전 세계 자동차 회사들이 자율주행 기술 개발에 열을 올리고 있습니다. 벤츠를 생산하는 다임러는 지난 2014년 자율주행 트럭인 퓨처 트럭 2025로 독일 마그데부르크 아우토반에서 시속 85킬로미터의 속도로 달리는 자율주행을 선보였습니다. 독자적인 자율주행 기술을 연구해 온 아우디는 2017년 엔비디아의 차량용 컴퓨터가 장착된 아우디 SUV Q7 차량으로 라스베이거스 도심을 주행했고요.

구글카 운전면허증은 사람들이 쓰는 운전면허증처럼 사진이 박힌 신분증이 아니라 자동차 번호판 모양과 비슷합니다. ⓒ 안희원

부문 자율주행이 가능한 구글카는 수백만 킬로미터의 주행 테스트를 거쳐 이르면 2020년에는 시중에 판매될 예정입니다. 미국 캘리포니아에 있는 구글 본사 직원 12명은 2010년부터 매일 자율주행 자동차로 출퇴근합니다. 직접 운전을 하다가 실리콘밸리로 가는 고속도로에 들어서면 구글카를 작동시키는 소프트웨어인 구글 쇼퍼$^{Google Chauffeur}$가 알아서 운전하지요.

그런데 자율주행 자동차의 인공지능 컴퓨터도 사람처럼 운전면허증이 있을까요? 2010년부터 주행 테스트에 나선 구글 자율주행 자동차는 2012년 약 지구 열두 바퀴 거리인 48만 킬로미터를 주행한 데 이어서 2012년 5월에 미국 네바다주로부터 면허를 발급받았습니다. 구글카 운전면허증은 사람들이 쓰는 것처럼 사진이 박힌 신분증이 아니라 자동차 번호판 모양과 비슷합니다. 번호판에는 미래를 의미하는 무한대(∞)와 첫 번째 자율주행 자동차를 뜻하는 번호 001을 사용했습니다. 자동으로 움직인다autonomous는 의미에서 번호판 가운데에 'AU'라고 표시했고, 색깔은 눈에 잘 띄는 빨간색이에요.

네바다주는 구글이 구글카를 도로에서 시험적으로 주행할 수 있게 해 달라고 요청하자 조건을 달아 면허를 내줬습니다. 문제가 생기면 수동으로 운전할 수 있게 두 사람이 탑승해야 한다는 조건이었지요. 네바다주는 구글카에 운전면허를 발급하려고 사람 외에 자동차에도 운전면허를 발급할 수 있도록 법률도 바꿨습니다.

우리나라 자율주행 자동차 개발

우리나라 자율주행 자동차는 1992년 한민홍 교수에 의해 처음 개발되었습니다. 1993년 대전 엑스포에서는 그가 이끈 연구팀이 개발한 자율주행 자동차가 도우미를 태우고 대회장을 돌아다니며 눈길을 끌었지요. 1995년에는 경부고속도로 주행에도 성공했습니다. 이후 개량을 거듭해 2007년 경차인 마티즈를 개조한 자율주행차 로비를 개발했습니다. 로비는 시속 100킬로미터 이상의 속도로 도로를 달리기도 했어요. 하지만 기술 개발에 오랜 시간이 걸리는 자율주행 자동차 연구는 지속적인 관심과 투자를 받지 못했습니다.

한국과학기술연구원KIST은 2009년에 자율주행 자동차 연구에 들어갔으나 골프장에서 타는 카트 수준의 기술 개발에 그쳤고, 자율주행 자동차에 대한 본격적인 연구는 2011년 한국전자통신연구원ETRI에서 다시 시작됐습니다. 현대기아자동차는 2010년 첫 자율주행차로 투싼 ix 자율주행차를 시연용으로 공개했습니다. 투싼 ix 자율주행차는 검문소, 횡단보도, 교통사고 위험구간 등 총 아홉 개의 미션으로 구성된 포장 및 비포장 도로 4킬로미터 시험주행에 성공하며 본격적인 자율주행차 개발의 시작을 알렸지요.

이런 기술을 바탕으로 현대기아자동차는 2015년 11월 국내 자동차 업체 최초로 미국 네바다주에서 고속도로 자율주행 면허를 획득합니다. 현대차 투싼 ix 수소 연료 전지차와 기아차 쏘울 EV 전기차로 고속도로에서 자율주행을 시험할 수 있는 운행 면허를 얻었어요. 특히 투싼 수소 연료 전지차와 쏘울 전기차는 미래 친환경차에 자율주행 기술을 더해 면허를 딴 것이라 더욱 의미 있는 일입니다. 2016년 10월에는 전기차 모델인 아이오닉 일렉트릭 및 하이브리드를 모든 형태의 도로와 환경에서 운행할 수 있는 자율주행 시험면허를 취득했습니다.

현대자동차는 2015년 12월에 제네시스 EQ900을 출시하면서 제네시스 스마트 센스를 선보였습니다. 제네시스 스마트 센스는 고속도로 주행지원 시스템, 후측방 충돌 회피지원 시스템 등 최첨단 주행지원 기술을 포함하고 있습니다. 구글카처럼 '완전' 자율주행 수준은 아니고 운전자를 돕는 보조장치 수준이지요. 현대차 제네시스 EQ900에 적용한 차간거리 제어 기능과 차선유지 기능도 운전자가 운전대를 잡고 있어야 제 기능을 발휘합니다.

한편 국내에서도 자율주행 자동차 시험운행이 2016년 처음 시작되었습니다. 2016년 2월부터 11월 말까지 허가를 받고 자율주행 자동차를 임시적으로 운행할 수 있게 했는데, 여섯 개 기관에서 등록한 11대의 자율주행 자동차가 총 2만 6천 킬로미터를 주행했답니다. 9개월간 자율주행 자동차가 실제 도로에서 시험운행한 주행 기록을 보면, 사고는 발생하지 않았으나 주변 차량이 갑작스럽게 끼어드는 일과 같은 돌발 상황이 일어났을 때 십여 차례 운전자가 수동으로 전환해 직접 운행했어요.

2016년 1월 국제전자제품박람회CES, The International Consumer Electronics Show에 나온 기아차 쏘울 EV는 국내 자동차 가운데는 가장 고성능 자율주행 시스템을 갖췄다고 평가받았습니다. 쏘울 EV는 차에 설치된 센서로 운전자의 동공을 관찰해 졸고 있다고 판단되면 차를 갓길까지 끌고 가서 주차하고 긴급 전화로 경찰서나 콜센터에 연락합니다.

현대자동차는 2016년 11월 로스앤젤레스 오토쇼에서 미국자동차공학회 기준 자율주행 기술 4단계를 충족시키는 아이오닉 일렉트릭 자율주행차를 처음 공개했습니다. 이어 12월에는 라스베이거스 도심에서 주·야간 운행을 성공리에 마쳤지요. 2017 국제전자제품박람회에서 정의선 현대자동차 부회장은 "최신의 지능형 안전기술을 더욱 많은 고객이 쉽게 접할 수 있도록 자율주행 기술 개발에 집중하고 있다"고 강조했습니다. 현대자동차는 지속적인 투자와 연구개발을 통해 2020년까지 고도 자율주행을, 2030년까지 완전 자율주행 기술을 실현할 계획입니다.

자율주행 자동차는
안전할까

2040년 늦잠을 잔 미래는 아침부터 정신이 없습니다. 아들을 학교에 데려다 주고 회사에 출근해야 하는 데다 미팅에 필요한 자료를 확인하느라 자율주행 자동차 안에서도 바쁩니다. 옆에서 컴퓨터 게임을 하던 아들이 갑자기 놀라서 소리를 지릅니다. 옆 차선에서 끼어든 트럭이 차 뒤 범퍼에 부딪힌 것이에요. 트럭 운전사가 차에서 내려 다가와서는 다짜고짜 운전을 왜 그리 천천히 하냐고 소리를 지릅니다. 미래가 운전을 한 게 아니고 자율주행 자동차가 한 것인데 말이죠.

자율주행 자동차가 사고를 낸다면

2016년 2월 시범운전 중이던 구글의 자율주행차가 교통사고를 냈습니다. 2009년 이후 7년간 구글이 자율주행차를 시험운행하면서 17건의 교통사고가 났지만, 구글카의 잘못으로 사고가 일어난 경우는 처음이었습니다. 구글은 미국 캘리포니아주 자동차 관리 당국에 제출한 보고서에서 "렉서스 스포츠 유틸리티 차량SUV을 개조한 구글 자율주행차가 도로에 떨어진 모래주머니를 피하려고 오른쪽으로 방향을 틀었다가 원래 차선으로 다시 돌아오는 과정에서 뒤따라오던 버스와 충돌했다"며 "자율주행차가 뒤따라오는 버스의 속도를 고려해 원래 차선으로 진입하지 않고 멈췄더라면 충돌하지 않았을 것이다. 우리에게 일부 책임이 있는 것은 분명하다"라고 했습니다. 사고 당시 자율주행차는 시속 3킬로미터, 버스는 시속 24킬로미터로 달리고 있었으며, 다행히도 다친 사람은 없었어요.

전문가에 따르면 현재 도로교통법에서는 자율주행 자동차가 사고를 내면 운전석에 앉은 사람이 책임을 져야 합니다. 자동차가 '자율주행 시스템'으로 도로를 달리더라도 교통법상 운전자는 '사람'이기 때문입니다. 자동차 자율주행 기술이 가장 발달한 미국은 물론, 한국, 일본에도 아직 자율주행 차량에 관련된 법은 없습니다.

그런데 2016년 5월 전 세계에서 처음으로 자율주행차 사망 사고가 일어났습니다. 미국에서 자율주행 모드로 달리던 테슬라 모델 S가 대형 트럭과 충돌해 트럭 운전자가 사망한 것이지요. 자율주행차 모델 S의 자동주행 센서가 밝게 빛나는 하늘과 트럭의 흰색 면을 미처 구분하지 못해서 일어난 사고였습니다. 사망 사고가 일어나자 자율주행 자동차의 주행 소프트웨어가 충분히 안전하지 못하다는 의심이 늘어났습니다. 테슬라는 자율주행 모드로 1억 3천만 마일(약 2억 킬로미터)에 달하는 거리를 운행하던 중 일어난 첫 번째 사망 사고일 정도로 사고 발생 확률이 낮다고 주장합니다. 그러나 자율주행 자동차가 널리 사용되려면 시스템 오작동이나 정지, 교통사고 등의 돌발 상황에 더욱 안전하게 대응할 수 있는 시스템을 갖춰야 하겠지요.

자율주행 자동차는 우리 삶을 어떻게 바꿀까

만약 자율주행 자동차 때문에 교통사고가 일어난다면 누가 책임을 져야 할까요? 운전자일까요, 아니면 차를 만든 회사일까요? 자율주행 시스템을 운영하는 인공지능 컴퓨터에게 책임을 물을 수 있을까요? 자율주행 차량 관련법을 만들려면 인공지능 컴퓨터를 운전자로 볼 수 있을지 사회적 합의가 필요합니다. 또한 운전자가 아닌 자동차 제조업체의 기술적 책임에 대한 보험도 있어야겠지요.

돌발 상황에서의 처리 능력도 문제입니다. 구글이 개발한 자율주행 자동차는 일반적인 상황에서는 거의 완벽하게 작동합니다. 그러나 공사가 진행 중인 구간에 들어서거나 앞쪽에 비상등을 켠 차량이 정지해 있으면 자동 운행을 멈추고 수동 모드로 바뀝니다. 결국 운전자가 브레이크를 작동해 차량을 멈춰야 하지요. 운전자가 안전하게 자율주행을 하기 위해서는 자동차가 다른 차량이나 경우에 따라서는 도로 시설 등과도 통신이 가능해야 합니다.

자율주행 자동차는 운행하면서 무선통신으로 자율운행 시스템과 차량의 위치 등의 운행 정보를 끊임없이 주고받습니다. 이때 차량과 탑승자의 이동 경로가 낱낱이 기록되는데 이러한 정보는 밖으로 빠져나갈 수 있어요. 만약 누군가 자율주행 자동차의 소프트웨어를 해킹해서 고의로 사고를 낸다면 문제는 더욱 심각해지겠죠. 자율주행 자동차 기업들은 대부분 2035년에는 완전 자율주행 자동차를 일반에 판매할 수 있게 기술을 개선하고 있습니다.

알아서 운전하는 자율주행 자동차는 우리 삶은 어떻게 바꿀까요?

사람들은 늘어난 자유 시간을 활용할 수 있을 것이며, 차를 타고 있는 동안 인터넷을 사용하는 시간이 늘어날 거예요. 사람이 타지 않아도 되니 필요할 때마다 자동차를 부를 수도 있겠지요. 택시처럼 말이에요. 그러나 자율주행 자동차 사용에 필요한 법적, 사회적 제도 마련이 뒷받침되지 않으면 기술의 혜택을 누릴 수 없어요. 멀지 않은 자율주행 자동차 시대, 우리는 무엇을 준비하고 고민해야 할까요.

2 기계학습

알파고는 어떻게
바둑을 배웠을까?

인스턴트를 좋아하는 미래는 얼마 전 일본에 갔을 때, 다양한 통조림을 먹어 볼 수 있는 식당에 들렀습니다. 그런데 통조림을 고르려니 전부 다 일본어로 쓰여 있어서 무슨 음식인지 하나도 모르겠는 거예요. 그래서 스마트폰 번역기를 사용했답니다. 번역기에 대고 "이것은 무엇입니까?"라고 한국말을 하니, "고레와 난데스카?"라고 일본말이 나왔어요. 일본인 점원이 "다마고야키"라고 스마트폰에 말하자 번역기는 "계란말이"라고 한국말로 알려 줬어요.

번역기가 바로바로 우리말로 옮겨 주니 이제 외국어 공부를 하지 않아도 될까요. 구글, 네이버 등 글로벌 정보기술 기업들은 인공지능이 적용된 번역기술 개발에 나서고 있습니다. 네이버 통번역 앱(애플리케이션) 파파고Papago는 영어, 일본어에 이어 중국어 번역에 인공신경망 기계번역NMT, Neural Machine Translation 기술을 적용했습니다. 인공신경망 번역은 인공지능이 빅데이터를 스스로 학습해 언어를 옮기기 때문에 기존의 번역기보다 훨씬 정확하게 번역합니다. 그전까지 사용되던 통계 기반 기계번역SMT, Statistical Machine Translation은 단어와 구, 어절 단위 번역으로 같은 단어라도 문맥에 따라서 다른 의미로 해석될 수 있는 경우를 이해하지 못했습니다. 반면 기계학습과 인공지능, 빅데이터를 활용하는 인공신경망 번역은 전체 문맥을 파악한 뒤 문장 안의 단어 순서와 의미를 추측합니다.

알파고와 인공지능

"초반부터 한 순간도 제가 앞섰다고 생각한 적이 없었던 것 같습니다. 오늘은 정말 알파고의 완승이고 알파고가 완벽한 대국을 펼치지 않았나 싶습니다." 인공지능 알파고^{AlphaGo}와 바둑 대결을 했던 이세돌 9단이 대국 2차전을 끝내고 한 말입니다. 이세돌 9단은 3차전에서도 완패를 당했습니다. 제4국에서 '신의 한 수'로 알파고에게 1승을 거두었지만 최종 성적은 1승 4패였습니다.

그동안 사람들은 바둑은 무한대의 경우의 수를 가지고 있어서 아무리 계산 능력이 좋은 인공지능이라도 쉽게 인간을 이길 수 없을 것이라 생각했습니다. 그런데 알파고는 이세돌 9단에 이어 세계 바둑 1위 커제 9단을 3연승으로 누르고 바둑계에서 은퇴했습니다. 알파고는 어떻게 바둑 천재들을 이길 수 있었을까요?

강인공지능과 약인공지능

알파고는 구글 딥마인드^{Google DeepMind}가 개발한 인공지능 컴퓨터 바둑 프로그램입니다. 인간의 지능이 가지는 학습, 추리, 적응, 논증 따위의 기능을 갖춘 컴퓨터 시스템이지요. 1956년에 존 매카시^{John McCarthy}, 마빈 민스키^{Marvin Lee Minsky} 등은 미국 다트머스대학교에 모여 인간의 지능으로 할 수 있는 사고와 학습을 컴퓨터가 할 수 있도록 연구하는 분야로서 인공지능^{AI, Artificial Intelligence}이라는 단어를 처음 만들었습니다.

인공지능은 크게 강인공지능AGI, Artificial General Intelligence과 약인공지능ANI, Artificial Narrow Intelligence으로 구분할 수 있습니다. 강인공지능은 인공일반지능이라고도 하는데 인간이 할 수 있는 어떠한 지적인 업무도 성공적으로 해낼 수 있는 기계의 지능을 말합니다. 강인공지능은 자아와 감정을 지닌 인공지능으로, 명령받지 않아도 스스로 필요하다고 생각하는 일을 할 수 있으며, 심지어 명령을 거부할 수도 있습니다.

〈터미네이터〉 시리즈에 나오는 가상의 시스템 스카이넷Skynet은 스스로 학습하고 생각하는 강인공지능입니다. 영화 속에서 스카이넷은 자신의 발전을 두려워한 인간이 시스템을 멈추려고 하자 인류를 적으로 여겨 공격합니다.

반면에 약인공지능은 주어진 문제를 해결하거나 이성적인 업무를 처리하는 소프트웨어입니다. 스스로 판단하지 않고 명령에 따라서 주어진 틀 안에서 일을 수행합니다. 법률이나 의료 같은 전문 영역에서 활약하고 있는 아이비엠의 인공지능 왓슨Watson이 대표적입니다.

로스Ross는 아이비엠 왓슨의 기술이 적용된 세계 최초의 인공지능 변호사로, 전 세계의 법조문과 판결 사례를 외워 형량을 계산하거나 사건 관련 판례를 수집하고 분석해 판사의 업무를 보조합니다. 아이비엠 왓슨은 엄청난 분량의 의학 정보, 의료 데이터 등을 학습해 환자들의 질병을 분류하고 처방을 제시하는 등 의사들의 진료를 돕습니다. 어느 위치에 바둑알을 놓는 것이 이길 확률이 높은지 방대한 데이터를 바탕으로 빠르게 계산해 바둑알을 놓는 알파고도 약인공지능이에요.

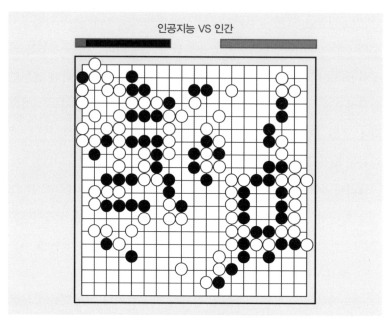

알파고는 프로 바둑 기사들과 바둑을 두는 지도학습과 하루 3만 번 이상의 가상 대국을 두는 강화학습으로 짧은 시간에 눈에 띄게 실력이 나아졌습니다.

하나를 가르치면 열을 아는 알파고

국내 AI 전문가인 이인식 지식융합연구소 소장은 인공지능은 기본적으로 다섯 가지 능력을 만족시켜야 한다고 말합니다. 사람의 지식과 경험을 바탕으로 하는 문제해결 능력, 방대한 자료를 분석해 의미를 찾는 학습능력, 시각인식과 음성인식 등의 지각능력, 자연어를 이해하는 능력, 마지막으로 자율적으로 움직이는 능력이 그것입니다. 이에 따르면 인공지능은 사람처럼 생각하고 느끼며 움직이는 기계를 개발하는 컴퓨터 과학입니다. 알파고는 이 다섯 가지 가운데 두 번째 능력인 학습능력, 즉 머신러닝Machine Learning에 기반한 인공지능입니다.

머신러닝이란 1959년 아서 사무엘Arthur Samuel이 정의한 용어로, 인공지능의 한 분야로서 기계가 경험을 통해 스스로 학습하는 것을 말합니다. 머신러닝을 가리켜 기계학습이라고도 하는데 사람이 일일이 코드를 넣어 프로그래밍하는 것이 아니라 기계 스스로 과거에서 현재까지 쌓인 방대한 정보를 학습하고 분석하면서 자체적으로 규칙을 찾거나 알고리즘을 만들어 나가는 특징을 갖고 있습니다. 하나를 가르치면 열을 아는 것이지요. 또 이를 통해 미래를 예측하는 결과도 제시합니다.

기계학습 방법은 크게 세 가지로 구분됩니다. 첫 번째로 지도학습Supervised Learning은 정답이 있는 데이터를 학습시키는 것입니다. 예를 들어 개의 사진과 고양이의 사진을 각각 보여 주면서 '이것은 개', '이것은 고양이'라고 학습시킨 후에 다른 사진에서 개의 사진을 찾아내게 하지요. 입력 데이터를 가지고 학습하고 나면, 인공지능은 학습 모델을 새로운 데이터에 적용해서 예측이나 추정, 분류 등의 일을 합니다. 그런데 지도학습으로 인공지능이 개가 어떤 모습을 하고 있더라도 알아볼 수 있으려면 엄청난 양의 데이터가 필요합니다.

두 번째로 비지도학습Unsupervised Learning은 입력 데이터만 주고 정답이 무엇인지 모르는 상황에서 숨겨진 규칙을 탐색하고 관계를 찾게 하는 학습 방법입니다. 예를 들어 여러 동물들의 사진을 그것이 무엇인지 답이 없는 상태로 함께 입력하면 인공지능은 비슷한 특징을 기준으로 동물들의 집합을 만듭니다. 이것을 군집화Clustering라고 합니다. 인공지능이 알고리즘에 따라 자체적으로 훈련을 통해 기준을 설정하므로 일명 자율학습이라고도 하지요. 이러한 비지도학습에는 패턴/구조 발견, 그루핑Grouping, 네트워크 분석 등이 있습니다.

세 번째로 강화학습Reinforcement Learning은 알려 주는 정보 없이 능동적으로 변화하는 환경과 상호작용을 하면서 최적의 행동을 학습하는 방법입니다. 인공지능이 스스로 판단해서 과제에 성공하거나 실패하면서 보상을 통해 조금씩 성공 확률을 높여 가는 것이지요. 칭찬이 고래를 춤추게 한다면, 보상은 인공지능을 똑똑하게 합니다. 이런 강화학습은 행동에 대한 보상이 즉각적으로 계산되지 않을 경우 학습하는 데 시간이 많이 걸리지만, 지도학습과 함께 훈련하면 학습능력을 놀랍게 향상시킬 수 있습니다.

알파고의 경우 이세돌 9단과의 대국에 앞서 프로 바둑 기사들과 바둑을 두는 지도학습과 하루 3만 번 이상 가상 대국을 두는 강화학습으로 짧은 시간에 눈에 띄게 실력이 나아졌습니다. 알파고는 아마추어 고수들이 인터넷에서 둔 바둑 기보를 공부했습니다. 이어 특정한 대국 상황에서 기사가 어디에 돌을 두는지 맞히는 문제를 풀었습니다. 또한 수없이 가상 대국을 두며 배운 것들을 하나하나 따져보고 검증했지요. 어떤 수를 둬야 이길 확률이 높아지는지, 기보에 없는 수를 두면 결과가 어떻게 나오는지 자율학습을 통해 깨달았습니다. 이것이 바로 강화학습입니다.

"오늘 8시 4분에 생길 뻔했던 살인사건의 예정 범인으로 당신을 체포한다." 스티븐 스필버그Steven Spielberg 감독의 SF 영화 〈마이너리티 리포트〉에 나오는 대사입니다. 2054년 워싱턴. 시 당국은 날로 늘어나는 범죄로 골머리를 썩다가 프리 크라임Pre-Crime이라는 첨단범죄 방지 시스템을 도입합니다. 프리 크라임은 세 명의 예지자들이 본 미래가 디지털로 영상화되어 범죄 예방국 수사팀에 전해지면, 수사팀이 범죄가 일어날 장소에 가서 범행 전에 범죄자를 체포하는 시스템입니다. 프리 크라임은 정보를 분석해 미래를 예측하는 머신러닝이에요.

우리 주변에서도 머신러닝이 적용된 서비스를 흔히 찾아볼 수 있습니다. 대표적인 것이 구글이나 네이버, 다음과 같은 포털 사이트에서 제공하는 검색어 자동 완성과 관련 검색어 서비스예요. 구글에서 검색창에 '인공지능'을 치면 '인공지능 번역', '인공지능의 장점', '인공지능 장단점' 등이 아래에 뜹니다. '인공지능'이 들어가는 검색어 가운데 가장 많이 검색된 결과를 순서대로 보여 주는 것인데요. 원하는 정보를 신속하고 정확하게 찾을 수 있게 도와줍니다. 또 검색 결과가 뜬 화면 제일 아래에는 관련 검색이라고 해서 '인공지능 프로그래밍', '인공지능이란', '인공지능의 미래' 등의 관련 검색어가 뜹니다. 인공지능을 검색한 사용자가 그 다음에 어떤 단어를 찾았는지 보여 주는 것으로 이 역시 머신러닝을 이용한 서비스예요.

세계적인 종합 쇼핑몰 아마존도 머신러닝을 사용하고 있습니다. 아마존에 가입할 때 사용자는 관심 분야를 고르는 체크리스트를 작성합니다. 머신러닝은 이렇게 모은 정보와 사용자가 어떤 상품을 구매했는지 기록된 데이터를 바탕으로 상품 추천 서비스를 제공합니다. 같은 물건을 구매한 다른 사용자들은 어떤 상품을 더 구매했는지 알려 주면서 효과적으로 추가 구매를 유도하기도 합니다. 머신러닝을 이용해 고객 맞춤형 서비스를 제공하는 것이지요.

딥러닝 기술로 더욱 강력해진 기계학습

머신러닝은 기본적으로 알고리즘을 이용해 데이터를 분석하고, 분석한 내용을 학습하며, 학습한 내용을 바탕으로 판단이나 예측을 하는 시스템입니다. 그런데 다양한 상황에 대해 일일이 조건을 넣어 직접 알고리즘을 프로그래밍하는 것이 아니라, 대량의 데이터와 다양한 알고리즘으로 인공지능 자체를 '학습'시켜 스스로 판단을 내릴 수 있게 합니다.

머신러닝에 사용되는 알고리즘의 하나로 인공신경망ANN, Aritificial Neural Network이 있는데요. 이는 생물학적인 신경망으로 특히 뇌에서 영감을 얻은 통계학적 학습 알고리즘입니다. 인공신경망은 시냅스의 결합으로 네트워크를 형성한 인공 신경세포(노드)가 학습을 통해 시냅스의 결합 세기를 변화시켜 문제해결 능력을 발전시키는 모델 전반을 가리킵니다.

그런데 인공신경망은 학습하는 데 시간이 오래 걸리고 주변 상황에 따라 학습 과정에서 수많은 오답을 낼 수 있어 한동안 관련 연구가 암흑기를 맞았습니다. 그러던 중 21세기 들어 인공지능 분야의 기계학습을 혁신할 새로운 계기가 마련되었는데요. 2006년에 캐나다 토론

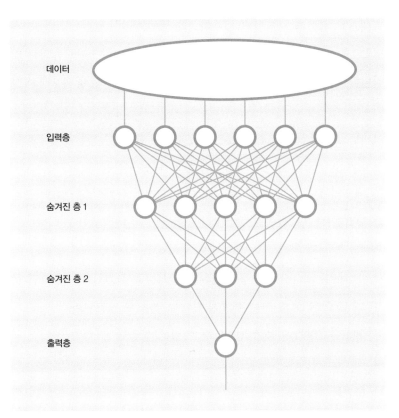

데이터

입력층

숨겨진 층 1

숨겨진 층 2

출력층

딥러닝의 심층신경망은 입력층에 데이터를 입력하면 숨겨진 층을 거치면서 자동으로 데이터의 특징을 찾습니다. 이 숨겨진 층의 단계가 깊을수록 계층 구조가 깊어져 신경망의 성능이 높아지지요.

토대학교 컴퓨터 과학자인 제프리 힌튼Geoffrey Hinton 교수가 심층신경망DNN, Deep Neural Network을 이용한 딥러닝Deep Learning 기술을 개발한 것입니다. 심층신경망은 입력층과 출력층 사이에 숨겨진 층이 2개 이상인 다층 신경망을 말합니다. 입력층에 데이터를 입력하면 숨겨진 층을 거치면서 자동으로 특징을 찾게 되는데, 이 숨겨진 층의 단계가 많을수록 계층 구조가 깊어져 신경망의 성능이 높아집니다.

제프리 힌튼 교수는 인공신경망의 대표적인 문제인 최적화의 문제를 해결했습니다. 인공신경망의 각 층들을 먼저 비지도학습Unsupervised Learning을 통해 의미 있는 데이터를 골라내고, 그렇게 사전 훈련된Pre-training 데이터를 여러 층 쌓아 올려 인공신경망 최적화를 수행하면 시행착오를 겪지 않고 좀 더 빠르게 결과를 얻을 수 있습니다.

심층신경망을 이용한 딥러닝은 어떻게 성공할 수 있었을까요? 딥러닝에서는 비지도학습을 이용한 데이터의 사전 훈련 과정이 중요합니다. '이것은 고양이다'라는 정답이 있는 데이터를 제공하는 대신에 여러 가지 데이터를 던져 주고 인공지능이 스스로 고양이를 구분하게 하는 것이지요. 인공지능은 수많은 데이터 가운데 스스로 비슷한 것끼리 모으는데, 그 과정에서 특이한 데이터들을 과감하게 버려 학습량과 학습 시간을 줄입니다.

합성곱 신경망CNN, Convolutional Neural Network이 진화한 것도 딥러닝의 성공 요인입니다. 딥러닝에서는 데이터가 바로 지식이 되는 것이 아니라 특징을 찾아내는 중간 단계를 거치게 됩니다. 예전에는 사람이 이러한 특징을 찾아내는 알고리즘을 만들어 제공했는데, 딥러닝에서는 특징을 찾아내고 패턴을 분류하는 학습 모두를 딥러닝 알고리즘 안에 포함시켜 인공지능이 다단계로 특징을 추출해 학습하게 했습니다.

예를 들어 사진에서 사물을 인식하려면 픽셀 단위에서 먼저 특징적인 선이나 특징적인 색 분포 등을 먼저 찾아낸 후 이를 바탕으로 '이것은 개다' 또는 '이것은 고양이다'라는 판단을 내리는 것이죠. 이러한 중간 표현 단계를 특징 지도Feature Map라고 하는데요. 기계학습의 성능은 얼마나 좋은 특징을 뽑아내느냐에 달려 있습니다. 이는 이미지 인식뿐만 아니라 음성인식, 자연어 분석 등 대부분의 기계학습에 적용됩니다.

딥러닝에는 시계열 데이터Time Series Data를 위한 순환신경망RNN, Recurrent Neural Network도 필요합니다. 시계열 데이터란 시간의 흐름에 따라 변하는 데이터를 말하는데, 순환신경망은 환율 변동이나 운동선수의 움직임과 같은 데이터를 분석할 때 놀라운 성능을 보여 줍니다.

마지막으로 중앙처리장치CPU, Central Processing Unit와 그래픽처리장치GPU, Graphics Processing Unit를 동시에 작동할 수 있는 병렬 컴퓨팅이 등장했습니다. CPU와 GPU 제품들이 저렴한 가격으로 출시되고 이를 효율적으로 이용하는 언어 구조들이 개발되면서 딥러닝에서 컴퓨터가 작업하는 시간이 수십 분의 일로 줄어들었습니다. 빅데이터의 시대가 와서 연구에 사용할 수 있는 데이터 양도 많아졌고요.

2012년 세계적인 이미지 인식 경연대회인 ILSVRC ImageNet Large Scale Visual Recognition Challenge에서 처음으로 참가한 토론토대학교의 슈퍼비전SuperVision이 도쿄대학교, 옥스퍼드대학교, 제록스 등 유명 연구기

관과 기업에서 개발한 인공지능 프로그램을 누르고 우승을 차지했습니다. 이 경연대회는 어떤 이미지를 보고 그것이 고양이인지 개인지, 요트인지 여객선인지 등을 알아맞힙니다. 천 개의 카테고리에 있는 15만 개의 사진을 구별해야 합니다. 그전까지 세계 최고의 인공지능이 26퍼센트의 오답율을 보였는데, 슈퍼비전은 15퍼센트의 오답율을 기록했습니다. 제프리 힌튼이 개발한 딥러닝 기술을 활용해 얻은 놀라운 성과입니다.

이제 딥러닝은 인공지능 연구의 큰 흐름으로 자리 잡았습니다. 2012년 스탠포드대학교의 앤드루 응Andrew Ng 교수와 구글이 함께 참여한 구글 브레인 프로젝트는, 1만 6천 개의 컴퓨터 프로세서와 10억 개 이상의 신경망으로 이뤄진 심층신경망을 이용해 유튜브에 올라와 있는 천만 개가 넘는 이미지를 분석한 뒤 사람과 고양이 사진을 분류하는 데 성공했습니다.

페이스북 인공지능 연구소는 딥러닝 기법을 적용한 딥페이스Deep Face 알고리즘을 개발했습니다. 사진 속 얼굴을 분석해 같은 사람을 연결해 주는 것인데, 정확도는 97.25퍼센트로 인간의 97.53퍼센트와 비슷합니다. 딥러닝 기술로 개발된 앱인 구글 포토Google Photos는 사용자가 특정 사진에 어떤 정보를 담고 있는지 표시하지 않아도 스마트폰 속의 사진들을 특정 인물별로 정리해 줍니다. 또한 '생일', '음식' 등 일반적인 단어로 검색해 이에 맞는 사진을 찾을 수도 있지요.

인간의 역할을
대신하는 인공지능

미래는 우연히 〈로스앤젤레스 타임스〉 온라인판에 실린 지진 발생 보도를 보고 캘리포니아에 사는 언니에게 안부 전화를 했습니다. 이 기사는 지진이 일어나고 10분도 채 안 되어 로봇 기자 퀘이크봇^{Quakebot}이 쓴 것이었는데요. 언니는 진도가 낮아 집 안에서 느낄 정도는 아니었다고 했어요.

놀란 가슴을 진정시키려고 미래가 아이비엠 왓슨에게 "심장이 너무 빨리 뛰는 것 같은데 어떻게 하면 좋을까?"라고 묻습니다. 아이비엠 왓슨은 만성 심장병 증세가 의심되니 종합병원에 가 보는 게 좋겠다네요. 미래는 이번에는 인공지능 작곡가 쿨리타^{Kulitta}에게 마음이 편안해지는 음악을 부탁합니다. 멜로디가 아름다운 잔잔한 피아노곡을 들으니 기분이 한결 나아졌어요.

기사 쓰는 인공지능 로봇 기자

〈로스앤젤레스 타임스〉 온라인판은 2017년 1월 28일 캘리포니아주 배닝^{Banning}으로부터 8마일(약 13킬로미터) 떨어진 곳에서 진도 3.0의 지진이 일어났다고 보도했습니다. 이 기사는 〈로스앤젤레스 타임스〉 지진보도 전문 로봇 기자 퀘이크봇이 작성한 원고로 인터넷을 통해 세계로 퍼져 나갔어요. 기사에는 지진 발생 지역의 상세 지도가 들어가

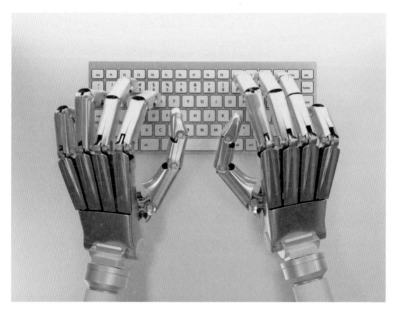

퀘이크봇은 진도 3.0 이상의 지진이 발생하면 자동으로 기사를 작성하는 로봇입니다. 사진처럼 로봇이 키보드를 두드리며 기사를 쓰는 것이 아니라 데이터를 바탕으로 알고리즘에 의해 기사가 자동으로 만들어져요.

있었고 "해당 지역에서 최근 10일 사이 진도 3.0 정도의 지진이 한 번도 없었다"는 내용도 함께 실렸습니다.

퀘이크봇은 진도 3.0 이상의 지진이 발생하면 자동으로 기사를 작성하는 로봇입니다. 로봇이 키보드를 두드리며 기사를 쓰는 것이 아니라 데이터를 바탕으로 알고리즘에 의해 기사가 자동으로 생성됩니다. 로봇 저널리즘은 경제, 스포츠, 날씨 등 데이터 수집이 편리한 분야에서 주로 쓰이고 있어요.

알고리즘이 기사를 작성하기 위해서는 먼저 통계적인 데이터 분석 방법이 필요합니다. 온라인에서 원시 데이터Raw Data를 수집해 이를 알고리즘이 이해하고 분석할 수 있는 형태로 바꾼 다음, 중요한 사건을 찾아 이를 바탕으로 기사를 작성합니다. 기사 작성에 걸리는 시간도 짧고 전달하는 정보도 매우 정확하지요.

2015년 서울대 언론정보학과 연구팀이 개발한 로봇 저널리즘 소프트웨어가 어떻게 작동하는지 살펴볼까요? 예를 들어 야구 경기 기사를 쓴다고 해요. 첫째, 데이터 수집 알고리즘을 통해 경기의 주요 장면과 해당 선수에 대한 원시 데이터를 수집합니다. 둘째, 텍스트 마이닝Text Mining, 의미 분석Semantic Analysis 등의 텍스트 분석 기법을 활용해 수집된 데이터에 의미를 부여해 사건을 뽑아냅니다. 셋째, 기계학습 알고리즘을 이용해 중요 사건이 무엇인지 선택합니다. 넷째, 글의 전체적인 관점을 정해 기사의 분위기를 결정합니다. 마지막으로 중요 사건을 설명할 수 있는 적절한 문장을 선택해 기사를 만듭니다. 엄청나게 많은 무의미한 데이터에서 의미를 발견해 내는 로봇 저널리즘은 신속하고 정확하게 정보를 전달할 수 있습니다.

최근 가장 유명한 로봇 기자는 워드스미스Wordsmith입니다. 워드스미스는 짧은 시간에 기사를 대량으로 생산하기 위해 만든 인공지능 시스템으로, 한두 시간 동안 수천 개의 서버에 있는 데이터를 모아 수백만 개의 기사를 만들 수 있습니다. 2013년 한 해 동안 300만 개의 기사를 썼고, 2014년에는 10억 개의 기사를 썼다고 합니다. 워드스미스는 활동 분야도 다양해 날씨 예보를 전하거나 주식 관련 보고서를 작성하고 축구나 야구 경기 기사도 작성합니다.

2015년 우리나라에서도 로봇 기자가 활동하기 시작했습니다. IT 전문 매체 〈테크홀릭〉의 로봇 기자 테크봇Techbot은 온라인에서 한 주 동안 화제가 된 기사를 순위별로 보여 주는 '위클리 초이스'를 맡았어요. 기사 작성뿐 아니라 기사를 올리고 이를 피디에프 파일로 전환하는 모든 과정을 테크봇이 처리합니다. 인기 기사는 월요일에서 금요일까지 5일 동안 〈테크홀릭〉에 실린 기사 가운데 조회수 70퍼센트, 소셜미디어 반응도 30퍼센트를 고려해 일곱 개를 선택합니다.

2017년 대선에서는 로봇 기자 나리NARe가 작성한 기사가 등장했습니다. SBS와 서울대학교 로봇저널리즘팀이 공동 개발한 나리는 중앙 선거관리위원회로부터 실시간 제공되는 투·개표 데이터를 받아 선거 결과를 알리는 기사를 썼습니다.

의학, 법학, 금융 전문가 왓슨

아이비엠 왓슨은 아이비엠의 창업자인 토머스 왓슨Thomas J.Watson에서 이름을 딴 인공지능 플랫폼입니다. 의료, 법률, 금융 등 다양한 전문 분야에서 활용되는데, 각 분야에 맞는 데이터를 입력해 훈련시키지요.

환자의 유전체에 관련한 자료와 진료 정보를 정확히 입력하면 자동으로 처방전까지 제시하는 인공지능 알고리즘은 의료 분야에서 이미 다양하게 사용되고 있어요. 아이비엠 왓슨 포 온콜로지Watson for Oncology는 암을 진단하는 아이비엠의 인공지능 플랫폼으로, 방대한 분량의 암 관련 연구조사 및 데이터를 환자의 유전체 정보와 함께 분석

합니다. 아이비엠 왓슨은 미국 엠디 앤더슨 암센터를 비롯한 세계적인 병원에서 의사들이 암을 진단하고 치료하는 일을 돕고 있어요. 2015년 미국임상종양학회에 따르면 왓슨의 진단 정확도는 대장암 98퍼센트, 직장암 96퍼센트, 난소암 95퍼센트, 자궁경부암 100퍼센트입니다.

국내에서는 2016년에 가천대학교 길병원이 국내 의료기관 최초로 암 치료에 인공지능 알고리즘을 도입했습니다. 아이비엠 왓슨을 유방암, 폐암, 대장암, 직장암 및 위암 치료에 활용하고 있어요. 2017년 부산대학교 병원은 왓슨 포 지노믹스Watson for Genomics와 왓슨 포 온콜로지를 동시에 도입해 세계적인 수준의 정밀한 의료 서비스를 제공하고 있습니다. 특히 왓슨 포 지노믹스는 한 단계 더 향상된 시스템으로 암 환자의 종양세포와 유전자 염기서열을 분석해 맞춤형 치료법을 추천합니다.

아이비엠 왓슨은 법률 분야에서도 활발히 활동하고 있는데요. 미국 지능형법률자문회사인 로스인텔리전스는 아이비엠의 인공지능 왓슨을 기반으로 대화형 법률 서비스를 제공하고 있습니다. 이용자가 일상에서 대화하듯이 질문을 하면 법률적 답변과 함께 판례 등 근거 자료를 제공합니다.

또한 싱가포르 디비에스 은행 같은 금융기관에 도입된 왓슨은 각종 보고서와 금융상품 정보 등을 실시간으로 분석한 뒤, 투자 종목을 제안하는 것은 물론 개인의 투자 성향에 맞춰 자산관리를 지원하지요.

소설도 쓰고, 그림도 그리는 인공지능

그동안 예술은 인간만이 할 수 있는 일로 여겨졌습니다. 그런데 이제 인공지능이 소설을 쓰고 그림도 그립니다.

"그날은 구름이 드리운 우울한 날이었다. 방 안은 언제나처럼 최적의 온도와 습도. 요코 씨는 씻지도 않은 채 소파에 앉아 시시한 게임을 하며 시간을 죽이고 있었다."

일본의 호시 신이치 문학상에 응모한 한 소설의 첫머리입니다. 2016년 3월 일본에서 최고의 권위를 인정받는 SF 문학상인 호시 신이치 문학상 공모전에 인공지능이 쓴 소설이 1차 심사를 통과했습니다. 제목은 〈컴퓨터가 소설을 쓰는 날〉인데, 움직일 수 없는 붙박이 인공지능이 자신의 '고독한' 심정을 묘사했다고 합니다. A4 용지 세 장 분량의 단편소설이지만 심사위원들은 인공지능이 쓴 것인지 전혀 몰랐다고 해요.

2016년 8월에는 일본에서 최초로 인공지능 '제로'가 쓴 소설《현인강림》이 출판됐습니다. 제로는 후쿠자와 유키치福澤諭吉의《학문을 권함》과 니토베 이나조新渡戶稻造의《자경록》을 교과서로 삼아 작가의 서술과 이야기 전개 등을 딥러닝으로 학습했습니다. 이를 바탕으로 '젊은이', '성공' 등 몇 개 주제에 답하는 형식으로 소설을 썼다고 합니다.

마이크로소프트사가 네덜란드의 데이터 과학자, 엔지니어, 미술사학자 들과 공동으로 개발한 인공지능 넥스트 렘브란트The Next Rembrandt는 그림을 그릴 수 있습니다. 더욱 놀라운 점은 딥러닝으로 학습한 기존 화가의 화풍을 흉내 낼 수 있다는 것입니다. 넥스트 렘브란트는 렘

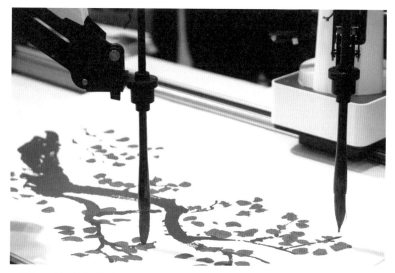

그림을 그리는 인공지능은 딥러닝으로 학습한 화가의 화풍을 흉내 낼 수 있습니다.

브란트의 작품 346개를 모두 디지털로 스캔한 다음 색채와 구도, 터치감 같은 특징을 입력하고 이를 분석하는 훈련을 했습니다.

넥스트 렘브란트는 렘브란트의 '신작'으로 흰색 깃이 있는 어두운 색상의 옷을 입고 모자를 썼으며 수염이 난 30~40대 백인 남성의 초상화를 그렸습니다. 인공지능은 학습한 내용을 바탕으로 렘브란트와 똑같은 화풍으로 남자의 초상화를 그렸고, 3D프린팅으로 인쇄된 이 그림은 유화의 질감까지 똑같이 재현했지요.

인공지능은 마치 무한한 가능성을 가진 어린아이와 같습니다. 무엇을 어떻게 가르치느냐에 따라 변화무쌍하게 성장하는 아이처럼 인공지능도 학습 내용과 방향에 따라 다양하게 발전할 수 있어요.

인공지능 시대,
무엇을 준비해야 할까

급성 골수성 백혈병 진단을 받은 60대 여성 환자가 있습니다. 6개월 동안 암세포를 죽이는 항암 치료를 해도 효과가 없고, 독소가 혈관으로 들어가 패혈증까지 생겨 생명이 위태로웠지요. 도쿄대학교 의과학 연구소는 아이비엠 왓슨에 이 환자의 암과 관련된 유전자 정보를 입력했습니다. 왓슨은 10분 만에 환자의 병이 급성 골수성 백혈병 가운데서도 특수한 유형인 2차성 백혈병이라고 진단했어요. 왓슨은 항암제 종류를 바꾸도록 제안했고, 처방받은 항암제를 투여한 결과 환자는 병세가 나아져 퇴원한 후 통원 치료를 했습니다. 왓슨이 인간 의사보다 실력이 좋은 걸까요?

줄어드는 일자리, 늘어나는 저가 노동

인공지능 혁명으로 불리는 이른바 제4차 산업혁명으로 로봇이 인간의 노동을 대체하게 될 일자리가 늘어나고 있습니다. 영국 옥스퍼드대학교 칼 베네딕트 프레이Carl Benedikt Frey 교수와 마이클 오스본Michael A. Osborne 교수는 2013년 발표한 〈고용의 미래: 우리의 직업은 컴퓨터화에 얼마나 민감한가〉라는 보고서에서 "데이터 분석 기술을 갖춘 진화하는 알고리즘의 발전으로 20년 이내 현재 직업의 47퍼센트가 사라질 가능성이 크다"고 말했습니다.

2015년 BBC 보도에 따르면 인공지능이 일자리를 대체할 확률이 90퍼센트가 넘는 직종은 총 51개에 이르고, 앞으로 20년 안에 사라질 확률이 높은 15개 직종의 일자리 수는 152만 7천 개에 이른다고 합니다. 특히 텔레마케터, 법률비서, 회계사 등의 업무가 진화하는 알고리즘과 데이터 기술에 의해 대체될 것이라고 해요.

한국고용정보원은 2016년 6월부터 9월까지 어떤 직업들이 인공지능이나 로봇으로 대체될 가능성이 있는지 우리나라 인공지능·로봇 전문가 21명에게 설문조사를 실시했습니다. 조사 결과 2025년을 기준으로 직무능력 대체 위험비율이 높은 직종은 단순 노무 종사자(90.1퍼센트), 농림어업 숙련 종사자(86.1퍼센트), 기계 조작 및 조립 종사자(79.1퍼센트) 순이었습니다.

직무능력 대체 위험비율이 낮은 직종으로는 관리자(49.2퍼센트), 전문가 및 관련 종사자(56.3퍼센트), 사무 종사자(61.3퍼센트)가 있지만, 어떤 직종도 인공지능에 의한 고용 대체위험에서 안전하다고 보기 어렵습니다. 현재 기술발전의 속도와 범위에 대한 전문가들의 예상을 그대로 따를 경우, 2020년에는 3분의 1 이상의 취업자가, 2025년에는 3분의 2 이상의 취업자가 인공지능으로 인한 직무능력 대체에 따른 고용위험에 처하게 될 전망입니다.

단순 업무는 판에 박힌 듯 명백한 규칙을 따르며 반복적으로 하는 일을 말합니다. 업무를 스스로 설계하고 구상하는 능력을 갖춘 상급 기술자인 엔지니어는 인공지능이 대체할 수 없지만, 엔지니어가 구상한 업무를 처리하고 실행하는 기술자는 대체될 수 있습니다. 그런데 의사, 변호사, 회계사 등 전문직도 위험하기는 마찬가지입니다. 가천대학교 길병원에서 인공지능 의사 왓슨이 석 달 동안 100여 명의 암환자를 진료하면서 인간 의사와 서로 다른 처방을 내린 경우가 몇 번 있었는데, 그때마다 환자들이 모두 왓슨의 처방을 선택했다고 합니다.

그런데 이러한 인공지능 개발에 꼭 필요한 엄청난 양의 데이터 정보를 저임금 노동자들이 제공하고 있다고 해요. 2014년 언론에 유출된 구글 데이터 품질 검사자에 대한 문서는 알고리즘에 데이터를 공급하는 노동자가 낮은 임금을 받고 있다는 사실을 알려 주었습니다. 그들은 구글의 광고를 하나하나 클릭하면서 건전하지 않은 내용이 들어 있지 않은지 확인합니다. 또한 자율주행 자동차의 기초 데이터 가운데 하나인 도로 데이터는 운전 노동자들이 거리를 누비며 수집하여 최신 정보로 바꾸어 놓습니다. 이들은 구글의 정직원이 아닌 계약직 노동자예요.

아마존의 온라인 중개 서비스 매커니컬 터크^{Mechanical Turk}를 통해 데이터를 분류하고 이미지에 태그를 추가하고, 검색 결과를 테스트하는 등의 인간 지능 업무^{HITs, Human Intelligence Tasks}를 담당하는 사람들은 시간당 1.2달러에서 5달러의 저임금을 받고 있다고 합니다.

인공지능과 함께하는 세상

인공지능, 사물인터넷, 빅데이터 등을 활용하는 제4차 산업혁명은 이미 시작되었습니다. 한쪽에서는 인공지능 때문에 직업을 잃는 사람이 증가하고 경제적 불평등이 심해질 수 있다고 걱정하는 반면 다른 쪽에서는 인공지능이 단순직 일자리를 대체해 사람들이 창조적인 업무를 수행할 수 있게 되고 소프트웨어 관련 일자리가 늘어나 줄어드는 일자리 수를 보완할 것이라는 주장도 있습니다. 의료, 법률, 금융 분야에서 활용되고 있는 인공지능 기술은 엄청난 양의 데이터를 수집하고 분석하는 데 뛰어나지만, 이를 실제 업무에 적용하는 것은 여전히 사람의 몫입니다.

인도 마니팔 병원이 2016년 유방암, 대장암, 직장암, 폐암 환자 1,000명을 대상으로 조사한 결과 인간 의사와 왓슨의 진단이 일치할 확률은 78퍼센트였습니다. 그러나 암의 종류에 따라 진단이 같을 확률이 달라서 직장암의 경우 85퍼센트가 같았지만, 폐암의 경우 17.8퍼센트만 같았습니다. 만약 왓슨이 제안한 진단을 따랐다가 문제가 생긴다면 누가 책임져야 할까요? 의료 전문 변호사는 "환자는 기계 관리에 대한 책임을 맡고 있는 병원을 대상으로 소송을 제기할 수 있고, 병원은 기계를 공급한 업체에게 책임을 물을 수 있다"라고 말했습니다. 아이비엠 왓슨을 만든 앤드루 노든Andrew Norden 박사는, 왓슨은 암 진단 치료법을 제안할 뿐 최종 책임은 의사에게 있다고 입장을 밝혔지요.

또한 아이비엠 왓슨을 통해 환자의 의료 정보가 빠져나갈 수도 있지 않을까요? 앤드루 노든 박사는 "아이비엠의 왓슨 포 온콜로지의 모든 데이터는 아이비엠 클라우드에 있는데, 아이비엠 클라우드 센터는 세계적인 수준의 보안 규제를 따르고 있고 설령 해킹을 당한다고 해도 환자 개인을 알아볼 수 있는 데이터는 보관하고 있지 않다"고 강조

했습니다.

이처럼 인간과 인공지능이 공존하려면 적절한 제도가 필요합니다. 인공지능 기술을 어디까지 적용할 것인지 사회적 합의를 통해 기준을 정하고, 인간과 인공지능이 협력할 수 있는 방안을 찾아야 할 것입니다. 인공지능법과 같은 새로운 규제가 필요한 시대가 온 것이지요.

인공지능법은 경제적 요소만을 고려하는 것이 아니라 문제가 발생했을 때 누가 책임을 질 것인지 위험을 적절하게 배분하고 인간이 중요하게 생각해 온 가치를 보호하는 관점에서 만들어져야 합니다. 인공지능과 함께하는 세상을 살아가려면 어떤 능력이 필요할까요? 앞으로 우리는 무엇을 배워야 할까요?

3 서비스 로봇

로봇과 함께하는
미래는 어떤
모습일까?

"함께 노래를 불러요. 하나, 둘, 이렇게 춤춰요."

앞에 서 있는 레크리에이션 강사가 사람이 아니고 로봇입니다. 요양시설에 모인 노인 10여 명이 인공지능 로봇 페퍼^{Pepper}와 함께 팔을 흔들며 동요를 부르기 시작합니다. 페퍼는 고개를 돌리며 한 명씩 눈을 맞추고 노래가 끝나자 "재미있으셨나요?"라고 깍듯하게 인사합니다. 노인들도 마치 사람을 대하듯 페퍼에게 "수고했습니다"라고 인사합니다.

일본 도쿄 주오구에 있는 요양시설 실버윙 신토미에서 노인들이 로봇 페퍼의 동작에 맞춰 춤을 추며 노래를 부르고 있습니다. 페퍼는 일본 정보통신회사 소프트뱅크가 2014년 선보인 세계 최초의 감정인식 로봇으로, 식당에서 주문을 받고 계산을 돕거나, 은행에서 직접 금융상품을 설명하는 업무를 보았습니다. 요양시설에서는 외로운 노인들을 즐겁게 해 주고 있어요. 사람의 감정을 알아채는 로봇이라니. 이제 로봇 친구 하나쯤은 모두 갖게 되는 걸까요?

생활을 편리하게 해 주는 서비스 로봇

미래는 학교 수업을 마치고 곧장 집으로 향했습니다. 치매를 앓고 계신 할머니가 혼자 계신 게 마음이 쓰였거든요. 아버지가 얼마 전 구입한 간병 로봇이 함께 있기는 하지만요. 집에 오니 간병 로봇이 할머니의 건강 상태를 확인하고 약을 드시게 하고 있어요. 미래는 간병 로봇이 있어 참 다행이라고 생각했습니다.

미래는 손발을 깨끗이 씻고 나서 방에 들어가 교육용 로봇 에듀봇과 함께 숙제를 하기 시작합니다. 오늘 학교에서 배운 내용에서 어려운 부분을 에듀봇에게 얘기하니 미래가 무엇을 잘못 이해했는지 설명해 주고 문제도 만들어 줍니다. 덕분에 모르는 내용도 쉽게 공부할 수 있어요. 그런데 문밖에서 갑자기 시끄러운 소리가 들려요. 나가 보니 청소 로봇이 미래의 방을 청소하려고 방문을 툭툭 치고 있네요. 아침에 엄마가 출근하면서 오후 5시에 청소 로봇이 작동하도록 예약해 놓았거든요.

일상으로 들어온 개인 서비스 로봇

사람들은 편하게 일상생활을 하기 위해 세탁기, 청소기, 전자레인지 등의 전자제품을 사용해 왔습니다. 그런데 바쁘거나 몸이 피곤하면 세탁기에 빨래를 넣고, 다 된 빨래를 널고 개는 일도 누가 대신해 주면 좋겠다는 생각이 듭니다. 청소기도 돌려 주고요. 혼자 해결하기 어려운 숙제를 도와주는 로봇이 있다면 얼마나 좋을까요?

사람의 일을 대신해 주는 로봇을 서비스 로봇이라고 합니다. 로봇은 처음에 공장과 같은 산업 현장에서 조립이나 기계 가공 등 여러 작업을 하는 자동 기계로 쓰였는데 센서를 기반으로 하는 인식 기능이 추가되면서 가정용, 의료용, 군사용, 농업용으로 종류와 기능이 다양해졌어요. 서비스 로봇은 크게 개인 서비스 로봇과 전문 서비스 로봇으로 나뉩니다.

개인 서비스 로봇은 일상생활에서 서비스를 제공하는 로봇으로, 가사용 로봇, 교육용 로봇, 도우미 로봇 등이 있습니다. 우리에게 가장 익숙한 가사용 로봇은 아마도 청소 로봇이 아닐까요? 2001년 최초의 청소 로봇 트릴로바이트Trilobite가 나온 이후로 청소 로봇은 점차 발전했습니다. 처음에 청소 로봇은 로봇이라기보다는 '청소기'에 가까웠습니다. 알아서 청소를 하기는 했지만 청소 기능도 떨어지고 작동할 때 시끄러운 소음을 냈으며 배터리 수명도 짧아 자주 충전해야 했지요. 소비자들이 쉽게 구매할 수 있게 가격을 낮추려고 초음파 센서나 고성능 카메라 등 값이 비싼 부가 장치를 사용하지 못했어요. 그러나 최근에는 고성능 장치를 달고 밖에서도 조종할 수 있는 스마트 홈Smart Home 기능이 생기면서 '로봇'다운 로봇이 되었습니다.

청소 로봇은 어떻게 알아서 청소하는 걸까요? 청소 로봇은 초음파 센서를 사용해 사물과의 거리를 측정합니다. 초음파 센서는 음파를 이용해 고체 또는 액체 물질을 감지하도록 설계되었는데 투명하거나, 빛이 나거나, 반사가 없는 물체 등 광전 센서로 감지하기 어려운 대상도 인식할 수 있습니다. 빛을 이용한 센서와 달리 투명하거나 경사진 면이라도 감지할 수 있지요. 또한 청소 로봇 앞면에는 의자 다리, 뭉친 전선 등 가늘고 작은 장애물을 인식해 피하는 반도체 위치 검출기PSD, Position Sensitive Device 센서도 있습니다.

청소 로봇이 혼자 돌아다니며 청소를 하려면 집 안 구조와 위치를 정확히 알아야 합니다. 그래서 내비게이션 카메라가 필요하지요. 이 카메라는 집 안 구석구석 형광등이 있는 천장, 액자가 걸려 있는 벽면을 촬영합니다. 그러고는 청소 로봇 내부에 있는 기억장치에서 집 안 구조를 바탕으로 이동 경로를 설정하고, 이에 따라 자신의 위치를 인식합니다.

이게 바로 스마트 매핑Smart Mapping이라는 기술인데요. 예전에는 청소 로봇이 자신의 위치를 제대로 파악하지 못해 한 번 청소한 곳을 또 청소하기도 했습니다. 하지만 스마트 매핑 기술이 있으면 그럴 일이 없어요. 또 이러한 위치인식 기술로 청소 로봇은 청소를 하다 충전해야 할 때 최단거리로 이동해 충전을 끝낸 뒤 원래 장소로 돌아가 청소를 다시 시작합니다.

전에는 정해진 시간에 청소를 시작하도록 설정하는 단순 예약기능이 전부였으나, 최근에는 스마트 홈 앱을 설치하면 바깥에서도 청소 예약, 시작, 종료 등의 명령을 내릴 수 있습니다. 여기에 청소 로봇이 명령을 알아듣는 음성 기능까지 생기면 더욱 편리해지겠지요.

서비스 로봇 분야에서 가사용 로봇 다음으로 많이 쓰이는 것은 교육용 로봇입니다. 예전에 아이들이 인형이나 장난감 자동차를 가지고 노는 것을 좋아했다면, 요즘은 로봇을 가지고 노는 아이들이 늘어나고 있어요. 키봇Kibot은 2011년 통신회사 케이티가 출시한 어린이용 교육 로봇으로, 영상통화, 정보검색, 음악 및 동영상 재생 등이 가능합니다. 이 로봇에는 스스로 움직이고 장애물을 피하는 자율주행 기능, 무선인식 전자태그를 활용한 통화 기능, 와이파이를 활용한 영상통화 등 복

예전에는 청소 로봇이 위치를 제대로 파악하지 못해 한 번 청소한 곳을 또 청소하기도 했습니다. 하지만 스마트 매핑 기술이 있으면 그럴 일이 없어요.

합적인 IT 기술이 적용되었습니다.

에스케이티가 개발한 코딩 교육용 로봇 알버트^{Albert}는 아이들의 눈높이에 맞춰 놀이를 하며 알고리즘 원리를 알려 줍니다. 알버트는 바퀴가 달린 몸체에 교육 앱을 설치한 스마트폰을 장착하면 학습도우미 로봇으로 작동해요. 로봇 본체에는 근접 인식센서, 내비게이션, 광학 인식센서 등이 내장되어 있습니다. 근거리 통신 기술을 활용한 스마트펜, 보드놀이, 한글·영어 카드놀이 등의 교육 소품을 활용해 개인별 맞춤 학습을 할 수 있어요.

아이들은 교육용 로봇과 놀면서 프로그래밍을 배우기도 합니다. 큰 사탕처럼 생긴 오조봇^{Ozobot}은 프로그램에 따라 움직이거나 춤을

춥니다. 또 종이 또는 아이패드에 스티커 명령어로 미로를 원하는 대로 그리면 오조봇이 그 길을 따라 이동해요.

또 다른 코딩 교육용 로봇 디오Dio는 누구나 쉽게 로봇을 움직이는 보드board를 만들고 수정할 수 있는 전자 장치인 아두이노와 3D프린팅을 이용한 교육용 로봇입니다. 적외선 센서를 이용해서 길을 따라가거나 초음파 센서를 사용해 미로를 찾아 이동할 수 있습니다. 안드로이드 스마트폰 앱으로 무선 조종하면서 로봇 축구도 할 수 있고요. 어른들도 갖고 싶어 할 만큼 매력 있는 장난감이랍니다.

서비스 로봇에는 병원이나 요양소 등에서 재활 훈련을 돕거나 일상생활을 도와주는 도우미 로봇도 있어요. 세계적으로 평균 수명이 길어지면서 노인 인구가 크게 늘어나고 있는데, 미국, 일본 등을 중심으로 간호 업무에 로봇을 활용하기 시작했어요. 미국 캘리포니아대학교 샌프란시스코 병원은 2015년 1월부터 연구 표본, 수술 도구, 식사, 복용약 등을 운반해 주는 간호 보조 로봇을 25대가량 쓰고 있습니다. 이 로봇은 카메라, 음파 탐지기, 레이저, 적외선 등 30여 개 이상의 다양한 센서를 내장하고 있어 무선통신으로 병동 문을 열거나 엘리베이터를 탈 수 있지요.

가장 적극적으로 간호 로봇을 개발하고 있는 곳은 일본입니다. 이화학연구소가 개발한 간호용 로봇인 로베어Robear는 환자를 침대에서 들어 올리고, 엔웍사가 개발한 배설처리 로봇 마인렛 사와야가Minelet爽는 자동으로 배설물을 처리합니다. 소프트뱅크사의 로보틱스는 노인 요양시설에 로봇 페퍼를 투입해 노인들의 건강 상태에 따라 약을 먹게 하고 체조를 따라하게 하는 등의 놀이 수업을 맡겼습니다. 페퍼는 병원에서 진료받은 환자들의 체성분과 검진결과를 스스로 분석해 월간·연간 누적 결과를 정리할 수 있어요. 또한 인간의 모습을 하고 있어 현재 건강 상태를 직접 설명해 주는 상담원 로봇으로 활용하기에도 좋지요.

전문가를 도와주는 전문 서비스 로봇

전문 지식이 필요하거나 인간이 하기 어려운 위험한 일을 하는 로봇도 있습니다. 바로 전문 서비스 로봇인데요. 의사, 소방관, 군인 등과 같은 전문가를 보조합니다.

공공기관, 미술관, 박물관 등에서 방문객을 안내하는 로봇을 본 적 있나요? 엘지전자가 국제전자제품박람회 2017에서 공개한 공항용 로봇 가운데 관광객을 위한 안내 로봇이 있습니다. 안내 로봇은 영어, 중국어, 일본어, 한국어까지 4개 국어를 할 수 있습니다. 탑승권 수령 장소, 비행기 이륙 시간 등을 커다란 화면에 보여 주지요. 안내 로봇에게 여행 가는 도시의 날씨를 묻거나 공항 시설의 위치를 물어 볼 수도 있습니다. 부탁하면 앞장서서 길 안내를 해 주기도 해요.

병원에서 의사를 도와 수술을 보조하는 의료용 로봇도 있습니다. 2000년 수술 로봇으로서 세계 최초로 미국 식품의약국FDA 승인을 받은 다빈치da Vinci 수술 시스템은 본격적인 로봇 수술 시대를 열었지요. 미국 브레인랩에서 개발한 벡터 비전Vector Vision은 뇌와 척추

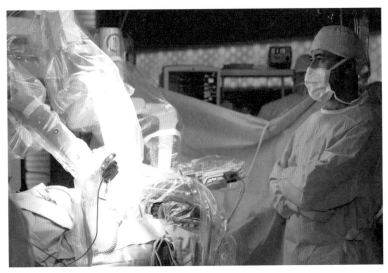
병원에서 의사를 도와 수술을 보조하는 의료용 로봇도 있습니다.

의 생체 조직을 제거하는 수술에서 수술 도구가 제대로 삽입되고 있
는지 볼 수 있게 개발한 무선 영상보조 수술 시스템입니다. 벡터 비전
을 이용해 엠아르아이MRI, 자기공명영상촬영나 시티CT, 컴퓨터단층촬영 영상을
촬영한 후에 수술 전 계획을 세울 수 있지요. 또 영상을 고배율로 확대
해 주는 마이크로스코프Microscope, 엑스선 검사에 사용되는 형광투시
경Fluoroscope과 위치 안내 시스템을 이용하면 무선으로 영상을 보며 수
술을 할 수 있습니다.

재난구조 로봇은 위험한 상황에서 사람을 구조하거나 시설물을 수
리하는 로봇을 말합니다. 지난 2011년 동일본 대지진 현장에 재난구
조 로봇이 나타났습니다. 당시 후쿠시마 원자력 발전소에 투입된 미국

아이로봇의 팩봇Packbot은 방사능으로 오염된 원전 내부를 찍어서 영상을 전송하는 데 성공했습니다. 팩봇은 네 개의 바퀴와 그 둘레에 두른 판을 사용한 무한궤도로 움직이면서 머리에 달린 네 대의 카메라로 영상을 찍고, 로봇팔로 약 14킬로그램의 물건을 들 수 있어요. 원래 전쟁터에서 폭발물을 발견해 제거하기 위해 만들어진 로봇으로, 2001년 미국에서 일어난 9.11 테러 현장에서 인명구조를 돕는 데 투입되면서 재난구조 로봇으로 유명해졌지요.

인간과 교감하는 소셜 로봇

점원: 손님, 이 가게에 처음 오신 건가요?

고객: 네. 처음이에요.

점원: 처음이라고요?

고객: 응, 처음이야.

점원: 전부터 알았던 것 같아요. 친구가 되어 주지 않을래요?

고객: 그래.

점원: 기쁩니다. 이제 우린 친구! 우리 또 만날 수 있죠?

    다음 주 무슨 요일에 시간이 되시나요?

고객: 수요일.

점원: 아, 수요일이요? 안타깝지만 다음 주는 수요일만 안 돼요.

쇼핑몰의 안내 도우미 페퍼. 소셜 로봇은 사람과 대화를 나누며 정서적으로 교감하는 로봇이에요. 소셜 로봇이 외로운 사람들의 친구가 될 수 있을까요?

그날 빼고는 이 가게에서 일하고 있으니, 또 와 주세요.

고객: 알겠어요.

고객과 점원이 대화를 나누는데, 뭔가 좀 어색해 보이지요. 점원이 누구인지 눈치챘나요? 네. 바로 감정인식 로봇 페퍼입니다.

인공지능과 사물인터넷 기술을 활용해 로봇이 인간과 상호작용을 할 수 있게 되면서 소셜 로봇Social Robot이 등장하고 있습니다. 소셜 로봇은 자율적이고 능동적으로 활동하는 지능형 서비스 로봇이에요. 사람과 대화를 나누며 정서적으로 교감하는 로봇이지요. 소셜 로봇이 외로운 사람들의 친구가 될 수 있을까요?

감정을 가진 소셜 로봇

누구나 원한다면 소셜 로봇과 함께 살 수 있는 시대가 오고 있습니다. 2015년 총무성 조사에 따르면, 65세 이상 고령자 인구가 전체 인구의 26.7퍼센트에 이르는 일본에서는 이미 대형 가전매장 한쪽에서 소셜 로봇이 판매되고 있어요. 일본의 소프트뱅크사는 2015년 6월 감정인식 소셜 로봇 페퍼를 일반인에게 판매하기 시작했습니다. 페퍼의 가격은 약 200만 원 정도인데, 주문하면 약 일주일 뒤에 집으로 배달됩니다. 혼자 사는 노인들은 종일 말 한마디 나눌 사람이 없기 쉬운데 먼저 말을 걸고 대화를 주고받을 수 있는 페퍼는 귀여운 손주 같기도 하고 외로움을 달래 주는 친구 같기도 합니다.

페퍼는 기분 좋음, 좋음, 안정, 불안정, 싫음, 아픔을 기본으로 하는 100가지 감정을 가지고 있습니다. 인간의 감정 원리를 따라 만든 감정 생성 엔진으로 감정을 만들어요. 페퍼는 카메라와 마이크, 센서를 통해 실시간으로 외부 정보가 들어오면 사람의 뇌에서 신경전달물질이 분비되는 것처럼 감정생성 엔진을 작동합니다. 예를 들어 평소에 자신을 좋아해 준 사람이 보이면 도파민이 분비된 것처럼 긍정적인 감정이 강해지고, 낯선 사람이 보이거나 어두운 곳에 가면 노르아드레날린이 분비된 것처럼 부정적인 감정이 생성돼요.

신경전달물질 도파민은 일상생활에서 느끼는 쾌락, 행복, 몰입, 의욕에 관련된 감정과 행동에 영향을 끼치는 호르몬입니다. 뇌 안에서 적당량의 도파민이 분비되면 사람들은 즐거워집니다. 기억력이 향상되며 집중력도 강해지지요. 노르아드레날린은 콩팥 위에 있는 내분비샘인 부신에서 나오는 호르몬으로 스트레스 호르몬 가운데 하나입니다. 화를 내거나 강한 스트레스를 받으면 뇌의 혈압을 급격하게 오르게 하는 노르아드레날린이 분비돼요. 노르아드레날린이 지나치게 분비되면 사람들은 신경질적인 반응을 일으킵니다.

실제로 노인 요양시설에 페퍼가 온 뒤 환자들은 적극적으로 변하기 시작했습니다. 로봇과 대화를 하고, 노래와 춤을 즐기고, 퀴즈를 풀면서 활력이 생겨나기 시작한 것이지요. 치매 환자의 인지능력을 높이는 데도 도움이 되는 페퍼는 정서적 안정을 도와주는 커뮤니케이션 로봇의 대표라고 할 수 있습니다. 일본에는 현재 인간, 강아지, 고양이, 바다표범 등을 닮은 커뮤니케이션 로봇 수십 종이 판매되고 있어요.

휴머노이드는 어디까지
진화할까

영화 〈에이아이〉에서 인공지능 로봇 데이빗은 치료약이 개발될 때까지 아들을 냉동시킨 한 부부에게 입양됩니다. 인간 부모에게 사랑받으며 데이빗은 진짜 인간이 된 것처럼 인간 부모를 자신을 낳아 준 부모로 생각합니다. 인간처럼 보이려고 음식을 무리해서 먹다가 고장이 나기도 하지요. 그러나 인간 부모의 아들이 병을 치료하고 돌아오자 데이빗은 버려집니다. 데이빗은 부모의 사랑을 되찾기 위해 자신을 진짜 인간으로 만들어 줄 '창조자'를 찾아 기나긴 모험을 떠납니다. 로봇 소년 데이빗의 어머니를 향한 사랑은 지고지순합니다. 데이빗은 피노키오처럼 자신이 인간이 되면 다시 엄마의 사랑을 되찾을 수 있다고 믿지요.

사람을 닮은 로봇 휴머노이드

일본 혼다사에서 만든 아시모ASIMO는 사람의 신체와 비슷한 모습을 한 세계 최초의 휴머노이드 로봇입니다. 휴머노이드Humanoid는 인간형 로봇으로, 머리, 몸통, 팔, 다리 등 인간의 신체와 유사한 형태를 지녔어요. 2000년 10월 아시모는 자연스러운 두발 보행에 성공했습니다. 아시모는 계단을 오르내리는 것을 시작으로 점차 발전을 거듭해 이제 방향 전환도 할 수 있고, 시속 9킬로미터로 달리기도 하고, 한 발로 뛰기도 합니다. 또한 자유자재로 움직이는 손가락으로 물건을 나르기도 하고, 일본어와 영어, 수화로 인사를 할 수도 있답니다.

2013년 혼다사는 아시모에 사용된 다중 관절 제어와 주위 사물을 입체적으로 인식하는 기술을 응용한 탐사 로봇을 후쿠시마 제1원자력 발전소를 폐쇄하는 작업에 투입했습니다. 이 로봇은 11개의 관절을 가진 로봇팔이 7미터 높이까지 늘어나며 팔 부분에는 줌 카메라와 방사선 계측기가 부착돼 있어 건물 내부의 높고 좁은 장소에서 방사선량을 측정하고 건물 구조를 조사했지요.

우리나라 최초의 휴머노이드는 2004년 한국과학기술원KAIST 오준호 교수팀이 개발한 로봇 휴보HUBO입니다. 휴보는 41개의 전동기(모터)를 갖고 있어 몸을 자연스럽게 움직일 수 있으며, 따로 움직이는 손가락으로 가위바위보도 할 수 있습니다. 인간과 블루스도 추고, 손목에 실리는 힘을 감지하여 악수할 때 적당한 힘으로 손을 아래위로 흔들기도 하지요.

휴보는 2015년 6월, 미국에서 열린 세계 재난구조 로봇대회 다르파 로보틱스 챌린지DRC, DARPA Robotics Challenge에서 미국, 일본, 독일 등 쟁쟁한 경쟁 팀들을 제치고 당당히 우승을 차지했습니다. DRC 대회는 가상의 원자력발전소 사고 현장에 사람 대신 로봇을 들여보내 여덟 가지 과제를 해결하는 대회입니다. 멀리 떨어져 있는 발전소까지 차량을 스스로 운전해 이동하기, 원자력발전소에 들어가 밸브 잠그기, 벽 뚫고 가기, 장애물 피하기, 전력이 차단된 내부 시설에서 계단을 이용해 위층으로 이동하기 등의 임무를 해내야 합니다.

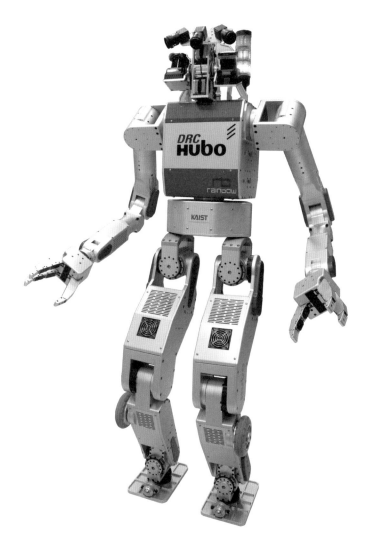

우리나라 최초의 휴머노이드 로봇 휴보는 2015년 6월, 미국에서 열린 세계 재난구조 로봇 대회 다르파 로보틱스 챌린지에서 미국, 일본, 독일 등 쟁쟁한 경쟁 팀들을 제치고 우승했습니다. ⓒ KAIST 휴머노이드 로봇 연구센터 오준호 교수 제공

세계 최고의 로봇 제작과 제어 기술을 갖춘 로봇 개발팀들이 참가해 로봇 올림픽으로 불리는 DRC 대회에서 휴보는 어떻게 우승할 수 있었을까요? 2004년 개발한 구형 휴보는 손가락 내부에 고무로 만든 체인식 벨트가 들어 있어 강한 힘을 내기 어렵고, 물건을 잡는 기능이 크게 떨어졌습니다. 이후 DRC 휴보라고 불리는 신형 휴보는 손가락 속에 넣은 가느다란 와이어가 사람의 힘줄을 대신하는데요. 물건에 맞게 손 모양을 바꿔 감싸듯 물건을 잡을 수 있습니다. 또한 물건을 쉽게 떨어뜨리지 않도록 손끝에 아주 작은 바늘도 붙였어요.

휴보는 얼굴에 시각 처리용 레이저 스캐너와 광학 카메라를 달았습니다. 먼지가 있거나 습한 날씨에도 사용할 수 있는 레이저 스캐너 덕분에 햇빛이 강하거나 날이 흐려도 잘 볼 수 있어요. 또한 주변 상황을 인식하고 운전자의 현재 상태가 어떠한지 점검하는 시각처리 프로그램을 이식해 카메라와 레이저로 주변을 촬영하면서도 데이터를 더욱 정확하게 처리할 수 있습니다. 가슴에는 로봇을 제어하고 시각 처리를 담당하는 두 대의 컴퓨터와 배터리를 장착하고 있고, 골반 아래쪽에 설치된 배전기는 온몸에 전력을 공급합니다.

슈퍼 커패시터(대용량 축전기)로 전기를 모았다가 한꺼번에 내보내 강한 힘을 내는 하체도 큰 장점입니다. 로봇의 하체 힘이 좋아야 걸을 때 안정성이 생기기 때문입니다. 휴보는 무릎을 꿇으면 정강이와 발밑에 설치한 바퀴로 자동차처럼 굴러다닐 수 있는데요. 두 발로 걸어야 할 때는 언제든 일어서서 두 손으로 작업하고, 먼 거리를 안정적으로 이동해야 할 때는 바퀴를 이용해서 움직일 수 있게 변신합니다.

대회에 참여한 로봇 가운데 유일하게 환경에 따라 유연하게 대처하는 작동 방식을 선보여 일종의 변신 로봇으로서의 가능성도 인정받았어요. 만화로 보던 '카봇'을 곧 실제로 볼 수 있게 될 것 같네요.

그동안 재난구조 로봇 하면 무한궤도를 갖춘 크롤러형 로봇이 대부분이었지만, 최근에는 휴머노이드로 진화하고 있어요. 전문가들은 원자력발전소와 같은 위험한 사고 현장에 사람 대신 들어갈 때는 인간형 로봇이 유리하다고 말합니다. 인간처럼 두 발로 걷는 로봇이 부서진 건물 잔해를 비집고 다니며 조난자를 찾고, 각종 밸브를 잠그는 등의 임무를 수행하기에 적합하기 때문이지요.

인공지능은 인간을 뛰어넘을까

주어진 문제를 해결하거나 업무를 처리하는 약인공지능과 달리 강인공지능은 인간처럼 사고하고 감정을 느끼는 것을 목표로 합니다. 명령받지 않은 일도 스스로 필요하다고 생각하면 할 수 있는 강인공지능 로봇은 인류의 종말을 가져올 수도 있다고 전문가들은 경고합니다.

인간이 인공지능에 대한 통제력을 잃게 되면 오히려 인공지능이 인간을 통제하거나 공격할 수 있다는 것이지요. 아이언맨의 모델이자 전기자동차 회사 테슬라의 최고 경영자인 일론 머스크Elon Musk는 "컴퓨터가 점점 지능화돼 인간을 애완견 래브라도처럼 키울 수 있다"라고 말합니다. 이론물리학자 스티븐 호킹Stephen Hawking은 "무분별하게 인공지능을 발전시키면 인간 종족의 최후를 맞이하는 결과를 초래할 것이다"라고 경고했지요. 빌 게이츠Bill Gates도 "몇십 년만 지나면 인공지능이 인간의 통제를 넘어서 심각한 위협이 될 것이다. 이를 걱정하지 않는 사람들을 이해하지 못하겠다"라고 말했어요.

미래학자 레이 커즈와일Ray Kurzweil은 2045년에 인공지능이 인간의 지성을 뛰어넘는 과학기술 발전의 대전환점이 될 특이점이 올 것이라고 예상했습니다. 주어진 일 말고 스스로 일을 찾아 해결하는 강인공지능을 개발해도 괜찮을까요? 감정이 있는 강인공지능은 인간의 명령을 수행하는 자신을 노예와 같다고 느낄 수 있습니다. 자유롭지 못한 삶을 괴로워하거나 인간과 다를 바 없는 자신이 인간이 아니라는 사실에 고통스러워할 수도 있지요. 인간이 인간답게 살기 위해 인권이 필요한 것처럼 로봇에게도 권리를 부여해야 하지 않을까요?

강인공지능이 인간이 할 수 있는 모든 일을 인간처럼, 아니 인간보다 더 잘할 수 있게 되면 사람은 무슨 일을 해야 할까요? 자신보다 뛰어난 로봇을 보며 사람들은 무슨 생각을 하게 될까요? 로봇과 함께 하는 우리의 미래는 과연 어떤 모습일까요?

4 스마트 요리

로봇 셰프는
인간 셰프를
이길 수 있을까?

미래는 요리가 취미입니다. 그동안은 많이 먹어 본 한식이나 친근한 이탈리아 요리를 주로 만들었지만 앞으로 더 다양한 나라의 요리를 배울 계획이에요. 그런데 따로 시간을 내 요리 학원에 다니자니 부모님이 허락해 주실 것 같지 않습니다. 알아보니 요리 학원은 집에서도 멀리 있고, 학원비도 꽤 비쌌거든요. 지금처럼 혼자 동영상을 보며 배우는 게 최선일까요? 그런데 미래가 알면 깜짝 놀랄 만한 소식이 있어요. 앞으로는 몇 가지 첨단 조리 도구만 있다면 누구나 원하는 음식을 만들 수 있답니다. 심지어 주방장 없는 식당을 운영할 수도 있지요.

까다로운 요리도 척척
스마트 요리 기구

비싼 한우라도 단백질이 펩신이나 트립신과 같은 효소에 의해 더 작은 분자인 아미노산으로 분해되지 않는다면 몸 안에서 흡수되지 않습니다. 별다른 맛을 느낄 수도 없지요. 소고기는 소를 도축한 순간부터 아미노산으로 분해되기 시작하기 때문에 도축한 후 어느 정도 시간이 지나야 더 맛있어요.

온도 조절은 기본, 레시피도 알려 줘요
소고기를 스테이크로 맛있게 먹으려면 어떻게 구워야 할까요?

1) 고기가 싱겁지 않게 충분히 간을 한다.

2) 고기를 굽기 전 프라이팬을 뜨겁게 달군다.

3) 고기를 넣자마자 중불로 줄여서 스테이크를 굽는다.

4) 고기를 프라이팬에서 빼고 적어도 2~3분 정도 기다렸다가 썰어 먹는다.

그런데 충분히 간을 하려면 어느 정도로 간을 해야 하는 걸까요? 또 스테이크용 소고기는 두껍기 때문에 불이 너무 세면 겉만 타고 속이 익지 않을 수 있어요. 불이 너무 약하면 조리 시간이 길어지니 육즙이 많이 흘러나와 맛이 없어지지요. 태우지 않고 되도록 빠른 시간 안에 고기를 구워야 하는데 아무래도 초보자는 스테이크를 맛있게 굽기가 참 어렵습니다. 알아서 적절한 온도로 스테이크를 구워 주는 프라이팬이 있다면 얼마나 좋을까요?

마이크 로빈스Mike Robbins, 카일 모스Kyle Moss, 위안 웨이Yuan Wei, 움베르토 에반스Humberto Evans, 이 네 명의 매사추세츠공과대학 엔지니어 팀은 프라이팬에 표면 온도를 정확히 측정할 수 있는 센서를 달았습니다. 또 손잡이에는 스마트폰과 무선통신을 하는 블루투스 장치와 스피커를 넣어 팬텔리전트Pantelligent를 만들었지요.

팬텔리전트는 전용 스마트폰 앱이 있어요. 앱에서 무슨 요리를 만들지 고르면 팬텔리전트는 프라이팬에 올려 놓은 재료의 온도를 정밀하게 측정합니다. 이를 바탕으로 언제 소금, 후추 등 맛을 내는 양념을 넣어야 하는지, 언제 고기를 뒤집거나 잘라야 하는지 알려 주지요. 요

요리에 서툴러도 스테이크를 맛있게 구울 수 있는 프라이팬이 있을까요?

리가 다 되면 최대 15미터 안에 있는 스마트폰에 알림이 가고요.

팬텔리전트를 사용해서 연어구이, 버섯 리소토, 카르보나라 등 다양한 요리를 할 수 있어요. 이 팬이 알려 주는 대로 하면 어렵지 않게 음식을 완성할 수 있지요. 무엇보다 좋은 점은 한 명이 요리를 도맡아 하지 않아도 된다는 거예요. 다음 조리 단계로 넘어갈 때마다 팬텔리전트가 무엇을 어떻게 하라고 안내하기 때문에 근처에 있는 사람이라면 누구라도 요리에 참여할 수 있습니다. 집 안에 있는 사람 모두 요리사가 될 수 있어요. 팬텔리전트는 사업 초기 인터넷 투자 사이트인 킥스타터에서 생산에 필요한 비용의 세 배에 가까운 돈(약 1억 원)을 투자받았습니다.

재료에 따라 알아서 온도를 조절하는 오븐이 있다면 얼마나 편할까요?

준오븐은 오븐 내부에 온도 측정기가 설치된 스마트 오븐을 팔고 있습니다. 소고기, 닭고기(오리), 돼지고기, 물고기 가운데 재료를 선택하고 각 재료를 식성에 맞게 바싹 익힐 것인지 살짝 익힐 것인지 정할 수 있어요. 다른 오븐과 달리 내부 온도를 세밀하게 조정해 재료의 맛을 살리는 요리를 완성하지요. 이 오븐도 스마트폰과 통신할 수 있기 때문에 굳이 주방에 있지 않아도, 요리가 끝났다는 알림이 울릴 때 요리를 오븐에서 꺼내면 됩니다.

발명가 존 젱킨스Jon Jenkins와 대런 벤그로프Darren Vengroff는 보통의 가스레인지에서 사용하는 다이얼 손잡이 대신 스마트 노브Smart Knob라고 부르는 첨단 기능을 가진 다이얼을 개발했습니다. 이 다이얼은 냄비 안에 넣는 전자 온도계와 한 쌍이에요. 스마트폰 앱으로 요리 종류와 양을 정하면 냄비 안의 전자 온도계와 가스레인지의 다이얼이 무선통신을 하면서 요리가 완성될 때까지 가스 불 세기를 적절히 조절합니다. 요리가 다 되면 다이얼이 알아서 불을 끄고 소리로 알려 주지요.

이 발명품은 프라이팬으로 하는 요리뿐만 아니라 냄비로 끓이는 국이나 찜도 잘 해냅니다. 냄비에서 물이 끓어 넘쳐서 가스불이 꺼지면 가스 밸브를 자동으로 잠그는 건 기본이지요. 팬텔리전트, 스마트 오븐, 스마트 노브처럼 알아서 세심하게 온도를 조절하고 요리 방법도 알려 주는 도구를 사용하면 어려운 요리도 좀 더 쉽게 할 수 있겠지요.

식재료에 들어 있는 영양소가 궁금하다면

음식을 맛있게 요리해서 먹는 것도 좋지만 지나치게 많은 영양분을 섭취하면 운동만으로 몸무게를 조절하기가 어려워져요. 건강을 위해서는 적당한 양의 음식을 골고루 먹는 게 중요하지요.

프렙패드Prep Pad는 꽤 똑똑한 도마입니다. 도마 위에 식재료를 올려놓고, 이 식재료가 무엇인지 카운터톱Countertop이라는 앱에 입력하면 무게를 재서, 칼로리는 얼마인지, 단백질과 같은 영양소는 얼마나 들어 있는지 알려 줍니다. 식사량을 조절해야 할 때 무척 유용해요. 그러나 기대와 달리 사용자들은 도마 위에 올려놓은 식재료가 무엇인지 일일이 앱에 입력하기 귀찮아했습니다. 그래서인지 프렙패드는 많이 팔리지 않았어요. 하지만 요리에 쓰는 도마를 이용해 건강을 관리할 수 있다는 것을 보여 주었지요.

요리를 하다 보면 가끔 이 재료가 얼마나 신선한지, 또 어떤 영양소가 얼마나 들어 있는지 궁금할 때가 있습니다. 그럴 때 필요한 게 바로 휴대용 분광분석기 에스시아이오SCiO입니다. 프랑스 스타트업 다이어트센서가 개발한 이 장비는 손 안에 쏙 들어가는 크기인데요. SCiO는 물체에 강한 빛을 쪼인 후 반사되어 나오는 빛의 스펙트럼을 스마트폰에 전송합니다. 스펙트럼이란 빛을 분광기로 관찰할 때 나타나는 파장에 따른 밝기의 분포를 말해요.

여러 가지 색이 연속적으로 포함된 일정한 빛(연속 스펙트럼)을 물체에 쪼이면 물체 안에 있는 분자나 원자의 종류와 양에 따라 특정 색깔의 빛을 흡수하거나 반사하는 정도가 달라집니다. 반사광의 스펙트럼 분포가 내부 물질의 종류와 양에 따라 달라지는 것이지요. 스마트폰은 이러한 반사광 스펙트럼을 인터넷상의 서버로 보내고 서버는 미리 저장되어 있던 스펙트럼 데이터와 이를 비교해 물체의 종류가 무엇인지, 물체에 어떤 성분이 얼마나 들어 있는지 등을 알려 줍니다.

SCiO로 물체에 빛을 비춘 후 스마트폰에 물체의 성분이 표시되는데 2초 정도 걸려요. 아직은 다이어트센서의 서버에 다양한 데이터가 저장돼 있지 않지만 앞으로 사용자들이 올린 정보를 바탕으로 데이터가 풍부해지면 음식 재료의 이름, 당도나 칼로리, 단백질이나 지방 함량 등 영양소에 대한 정보를 얻을 수 있을 거예요.

휴대용 분광분석기는 무척 다양한 분야에 활용할 수 있어요. 사람 피부에 갖다 대면 체지방이나 기본적인 건강 상태를 알아볼 수 있고,

화초 잎사귀에 갖다 대면 물을 주어야 하는 때인지 아닌지도 알 수 있습니다. 자동차 타이어는 공기 압력에 따라서 반사광의 스펙트럼 패턴이 달라지기 때문에 타이어에 공기가 적절하게 들어 있는지 점검할 수도 있지요. 현재 다이어트센서의 서버엔 SCiO를 사용하는 사람들이 전송하는 스펙트럼 데이터가 계속 쌓이고 있습니다.

보기 좋은 요리가 먹기도 좋다

보기 좋은 떡이 먹기도 좋다는 말이 있지요. 몇 가지 요리 기구는 벌써 요리에 그림을 그리기 시작했어요. 팬케이크봇PancakeBot은 네모난 프라이팬에 밀가루 반죽으로 그림을 그려 원하는 모양으로 팬케이크를 구워 냅니다. 그 원리는 간단해요. 먼저 가로 방향이나 세로 방향으로 움직이는 노즐(주사기 바늘 같은 구멍)로 프라이팬에 팬케이크 반죽을 뿌립니다. 완성된 그림에서 짙은 색이 되어야 할 부분에 반죽을 먼저 뿌리고 옅은 색이 되어야 할 부분은 나중에 뿌려요. 그러면 프라이팬의 열기에 의해 짙은 색과 옅은 색으로 '익은' 그림이 팬케이크에 그려지지요.

리플메이커Ripple Maker는 바리스타들이 커피에 크림으로 그림을 그리는 원리를 따라서 만든 장치입니다. 잔에 담긴 커피 위에 크림을 적절히 부어서 원하는 글씨나 그림을 그려 주지요. 무선통신 기능이 있어서 스마트폰에 있는 그림을 리플메이커에 전송하면 커피 위에 그대로 그려 줘요.

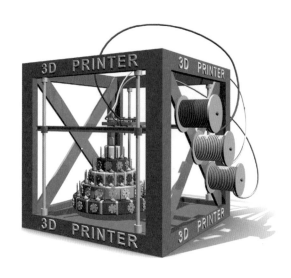

플라스틱 필라멘트 대신 밀가루 반죽이나 치즈처럼 물렁한 재료를 3D프린터에 넣으면 음식을 원하는 모양대로 만들 수 있을까요?

유명한 파스타 회사 바릴라는 3D프린터를 이용해 원하는 모양의 파스타를 만드는 장치를 개발하고 있습니다. 보통의 3D프린터는 뜨거운 노즐의 위치를 이동하면서 플라스틱 필라멘트를 노즐로 밀어내 물체를 만듭니다. 그렇다면 초콜릿이나 젤리처럼 열을 가하면 녹았다가 식으면 굳는 재료나 밀가루 반죽이나 치즈처럼 물렁한 재료를 3D프린터에 넣으면 음식을 원하는 모양대로 만들 수 있지 않을까요? 3D프린터로 초콜릿 케이크나 형형색색의 예쁜 파스타를 만들 수 있는 날도 곧 올 것 같네요.

케첩이 부족하다고 알려 주는 미래의 냉장고. 가전회사들은 무게를 재는 센서나 카메라 센서 등을 내장한 냉장고를 인터넷에 연결해 냉장고 안에 부족한 식품이 있으면 이를 자동으로 주문하는 기술을 개발하고 있어요.

부족한 재료를 알려 주는 냉장고

요즘에는 냉장고 표면에 달려 있는 태블릿 컴퓨터를 이용해 음식의 조리법을 검색하거나 필요한 식재료를 주문할 수도 있습니다. 무선 인터넷이 되는 태블릿을 냉장고에 달기만 하면 되니 어려운 일이 아니지요.

가전회사들은 냉장고에 획기적인 기능을 추가해 새로운 수요를 만들어 내려고 합니다. 대표적으로 퇴근길에 시장에 들렀을 때, 스마트폰을 이용해 냉장고 안에 달린 카메라로 어떤 식재료가 부족한지 알아볼 수 있는 기술을 개발하고 있지요. 무게를 재는 센서나 카메라 센서 등을 내장한 냉장고를 인터넷에 연결해 냉장고 안에 부족한 식품이 있으면 이를 자동으로 주문하는 기술도 개발하고 있고요. 앞으로는 기껏 된장찌개를 열심히 끓였는데 마지막에 넣을 두부가 없어 당황하는 일은 없겠네요.

혼자 사는 사람들이 늘어나면서 갑자기 사고를 당해도 제때 도움을 받기 어려운 경우가 생기고 있어요. 냉장고 손잡이에 맥박 수를 측정하는 센서를 달아 맥박이 빨라지면 병원에 측정 결과를 전송하거나 혼자 사는 노인의 집에서 냉장고 문을 여는 횟수가 크게 줄어들면 먼 곳에 사는 자녀에게 이를 알려 주는 기술은 이미 특허를 신청해 놓았습니다.

맛있는 요리도 척척
요리하는 로봇

패스트푸드Fast Food는 맛있고 빨리 만들 수 있지만, 햄버거, 감자튀김, 닭튀김처럼 칼로리가 높고 주로 탄수화물이나 지방만 들어 있는 음식이 많아요. 흔히 몸에 좋은 건강한 음식은 만드는 데 시간이 오래 걸린다고 생각하지요. 매사추세츠공과대학의 케일 로저스Kale Rogers, 마이클 파리드Michael Farid, 브레이든 나이트Braden Knight, 루크 슐뤼터Luke Schlueter는 이러한 생각에 반기를 들었어요. 이들은 맛있고 건강한 음식을 빨리 만드는 전자동 주방 스파이스 키친Spyce Kitchen을 개발했습니다.

진화하는 로봇 셰프

스파이스 키친은 주문을 받는 터치스크린과 요리를 하는 금속통 네 개, 금속통에 주문받은 음식 재료를 넣는 컨베이어 벨트로 이뤄져 있어요. 스마트폰 앱이나 식당 앞에 설치된 터치스크린에서 음식을 선택하면 필요한 요리 재료를 여러 개의 회전하는 금속통에 각각 넣어 열을 가해 굽거나 데치는 등의 조리를 한 뒤 5분 안에 요리를 완성해 그릇에 담아 내놓습니다. 학생들은 이 아이디어로 학내 경연에서 우승해 1만 달러(약 천만 원)의 상금을 받았고, 학교 식당에 스파이스 키친을 설치해 학생들에게 음식을 제공하고 있어요. 미국 식품의약국에서 승인을 받으면 가까이에 있는 다른 대학교에도 스파이스 키친을 설치할 계획이랍니다.

스파이스 키친의 차림표에는 새우를 넣은 볶음밥 잠발라야, 닭고기와 베이컨을 넣은 으깬 감자튀김 등 다섯 가지가 있는데 맛과 모양이 레스토랑에서 먹는 음식과 비교해도 손색이 없습니다. 입맛에 따라 식재료나 소스의 양을 조절할 수 있으며, 요리가 끝나면 조리 기구는 자동으로 씻깁니다. 이 전자동 주방은 크기가 가로 2미터, 세로 1미터도 되지 않아 공간도 효율적으로 쓸 수 있지요.

영국 런던에 본사를 둔 몰리로보틱스Moley Robotics는 세계에서 처음으로 요리하는 로봇, 로보틱 키친Robotic Kitchen을 만들었습니다. 아직까지 이 로봇이 만들 수 있는 요리는 게살 스프뿐이지만 점점 더 다양한 요리를 하게 될 거예요. 이 로봇은 전기오븐을 비롯한 각종 조리 기구가 설치된 주방 벽에 로봇팔 두 개를 단 형태인데, 정교하게 움직일 수

요리하는 로봇, 로보틱 키친은 30분이면 스프를 완성합니다. 로봇은 정성스럽게 스프를 젓거나 주방에 있는 믹서로 재료를 손질합니다. 냄비에서 그릇으로 음식물을 옮길 때에도 국물을 쏟지 않게 조심해요.

있는 팔과 다섯 손가락을 이용해 주걱이나 국자를 사용하지요.

재료와 조리 기구를 정해진 자리에 놓고 시작 버튼만 누르면 컴퓨터가 로봇팔을 움직여 30분이면 스프를 완성합니다. 로봇은 정성스럽게 스프를 젓거나 벽에 설치돼 있는 믹서로 재료를 손질합니다. 냄비에서 그릇으로 음식물을 옮길 때에도 국물을 쏟지 않게 조심하지요. 무엇보다도 로봇 셰프가 만든 요리는 그 맛이 상당히 뛰어납니다.

로봇 셰프의 팔은 사람의 손 모양과 거의 같게 만들어서 정교하게 움직일 수 있어요. 셰도로봇컴퍼니가 만든 제품을 썼는데 이 로봇 셰프는 곧 판매될 예정입니다. 몰리로보틱스는 인터넷상에 조리법 라이브러리를 만들어 고객이 원하는 요리를 로봇이 조리할 수 있게 할 계획이에요.

사실 이 로봇 셰프는 어느 요리 프로그램 우승자의 동작을 정확하게 따라 만든 것입니다. 우선 요리사가 게살 스프를 요리하는 모습을 주방에 설치한 수많은 모션 캡처 카메라로 초당 100회 속도로 찍어서 저장했어요. 프로그래머들은 이렇게 모은 데이터 가운데 동작 낭비가 가장 적은 움직임을 택해 로봇이 그렇게 움직이도록 프로그래밍했습니다.

로봇 공학이 발달한 일본에서는 카메라 인식 기술을 활용한 로봇 셰프를 연구하고 있습니다. 이 로봇은 어디에 무슨 재료가 있는지 스스로 판단해 조리하고, 재료나 도구를 정확하게 집어서 옮기기 때문에 매우 다양한 요리를 할 수 있다는 장점이 있는 반면 프로그램 개발과 설치 및 유지에 비용이 많이 들어갑니다.

인공지능 컴퓨터인 알파고가 세계 최고의 바둑 기사들을 모두 이겼습니다. 인공지능이 사람보다 바둑을 잘 두게 된 것이죠. 요리는 어떨까요? 많은 사람들이 보는 텔레비전 프로그램에서 인간 셰프와 로봇 셰프가 대결을 펼칠 날도 멀지 않은 것 같습니다. 아직 로봇 셰프는 만들 줄 아는 음식이나 조리 기술이 인간보다 턱없이 부족하지만요.

세계적인 수준의 요리사들은 최고의 요리를 완성하는 셰프의 감각과 미각을 로봇이 절대로 따라올 수 없을 것이라 말합니다. 요리는 그날의 습도나 온도, 재료 1그램과 미세한 불의 세기에 따라 그 맛이 달라지는데, 오랜 세월 경험을 쌓은 요리사의 감각을 로봇이 따라올 수 없다는 것이지요. 여러분은 어떻게 생각하세요. 정말 로봇 셰프는 인간 셰프를 이길 수 없을까요?

5 스마트 제조

정보통신 기술은
제조업을
어떻게 바꿀까?

미래는 얼마 전 사회 수업에서 1차 산업과 2차 산업에 대해 배웠어요. 농업이나 어업, 광업처럼 천연자원을 채취하거나 생산하는 경제 분야를 1차 산업이라고 부르지요. 그렇다면 1차 산업에서 얻은 산물을 가공하는 2차 산업에는 어떤 것이 있을까요? 미래는 곰곰이 생각하다 오늘 학교에 입고 온 옷, 신발부터 지금 앉아 있는 책상과 의자 등등 자신을 둘러싼 거의 모든 물건이 공장에서 만들어 낸 제품이라는 걸 깨달았답니다. 이렇게 재료를 가공해 물건을 만드는 일을 제조라고 해요. 만일 제조업이 없다면 농기구 없이 농사를 짓고, 배 없이 물고기를 잡아야 할 거예요.

이렇게 우리 삶에서 큰 부분을 차지하는 제조업에 지금 변화가 일어나고 있습니다. 근거리 무선통신NFC, Near Field Communication 기술을 활용한 정보통신 기술ICT, Information and Communication Technology은 이미 우리 생활을 바꿔 나가고 있어요. 모든 기계에 스마트 센서를 부착한 미래의 공장은 어떤 모습일까요? 3D프린터가 있으면 정말 원하는 물건은 무엇이든지 만들 수 있을까요?

서로 대화하는 생산 설비들

큰 건물의 주차장 입구에는 주차할 수 있는 공간이 현재 몇 개 있는지 안내하는 전광판이 있습니다. 주차장에 차가 주차돼 있으면 센서가 실

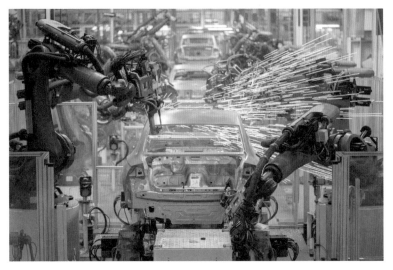

자동차 받침대에 들어 있는 RFID 칩의 정보를 읽으면 동일한 생산 라인에서 서로 다른 종류의 자동차를 조립할 수 있어요.

교통카드에 들어 있는 RFID 칩(까맣고 작은 사각형)과 안테나(구리선을 여러 겹으로 돌린 것)

시간으로 중앙 컴퓨터에 알려 주기 때문에 가능한 일이지요. 입구를 지나 주차장에 들어서면 차가 없는 자리마다 초록색 센서에 불이 들어와 있어 주차 공간을 손쉽게 찾을 수 있어요. 앞으로는 이렇게 센서를 활용한 실시간 통신이 더 활발해질 거예요.

무선으로 정보를 주고받는 센서들

어떤 자동차를 만들 것인지 정보를 담은 전자태그RFID, Radio Frequency IDentification 칩을 붙인 자동차 받침대가 생산 라인에 들어섭니다. 생산 라인에 배치된 각 로봇은 RFID 칩에 있는 정보를 재빨리 읽어 해야 할 일을 선택하지요. 자동차 받침대가 생산 라인을 빠져나올 때는 RFID 칩에 저장된 정보대로 만들어진 자동차가 받침대마다 한 대씩 얹혀 있어요.

RFID 칩은 무선으로 전기 에너지를 받을 수 있는 안테나가 들어 있어서 배터리 없이도 작동합니다. 구리선을 여러 겹으로 감은 안테나의 크기와 형태에 따라 얇은 카드나 가느다란 유리관 안에 넣을 수 있어요. RFID 칩이 들어 있는 카드나 유리관을 리더기 근처에 대면 칩에 들어 있는 정보를 읽을 수 있습니다. 반려동물의 몸에 RFID 칩이 들어간 유리관을 삽입하면 동물이 길을 잃거나 사고를 당했을 때 주인에게 신속히 연락할 수 있지요. 우리가 자주 사용하는 교통카드에도 이 칩이 들어 있어요.

이렇게 근거리 무선통신 기능을 활용하면 스마트폰을 교통카드로

반려동물의 몸 안에 심는 RFID 칩은 동물의 위치를 알아내는 데 쓸 수 있어요.

한 의류업체는 모든 옷에 RFID 칩을 부착해서 매장 안에 있는 옷의 종류와 개수를 실시간으로 집계하고, 더불어 도난 방지 효과도 얻었어요.

쓸 수 있습니다. NFC는 10센티미터 이내에 있는 또 다른 NFC 기능이 있는 기기와 정보를 주고받을 수 있게 해 주거든요. 상점에서 물건을 살 때도 신용카드 대신에 스마트폰을 사용할 수 있어요. 스마트폰에 있는 NFC 기능은 가까이에 있는 NFC 칩의 정보를 읽는 '읽기전용 모드'와 여기에 더해 칩에 정보를 기록할 수 있는 '읽기쓰기 모드', 두 가지가 있습니다.

중국에서는 RFID 칩이 들어 있는 얇은 종이 형태의 저렴한 스티커가 판매되고 있는데요. 가격이 한 개에 157원 정도입니다. 스마트폰을 이용해 이 스티커에 몇 가지 정보나 프로그램을 입력할 수 있어요. 전문가들은 이 스티커의 가격이 충분히 내려간다면 바코드를 대체할 거라고 예상합니다. 바코드는 상품의 포장이나 꼬리표에 표시된 검고 흰 줄무늬로 레이저를 이용한 리더기로 읽으면 제조 회사, 가격, 종류 등의 정보를 알 수 있습니다.

상점에서 물건을 계산할 때 점원이 리더기로 제품의 바코드를 읽으면 자동으로 가격이 계산 프로그램에 뜨지요. 만일 모든 바코드를 RFID 칩으로 바꾸면 어떻게 될까요? 상품 가격을 계산하기 위해 상품을 리더기에 하나씩 댈 필요 없이 리더기 근처를 지나가기만 하면 됩니다. 상품을 잔뜩 실은 수레가 커다란 문을 통과하면 물건 값이 자동으로 계산되지요. 인터넷 종합 쇼핑몰 아마존이 만든 오프라인 식료품 가게 아마존 고 Amazon Go가 바로 이러한 매장이에요.

제조업 분야에서는 RFID 칩을 활용해 창고에 쌓여 있는 물품을 관리할 수 있습니다. 예를 들어 창고에 들어가고 나오는 모든 물품에 RFID 칩을 붙여 놓고, 출입문에 전파를 이용하는 리더기를 설치하면 창고에 언제 어떤 물건이 나가거나 들어왔는지 알 수 있어요. 그렇게 되면 창고 물품을 일일이 확인하지 않아도 되고, 추가로 주문해야 하는 물건을 실시간으로 파악해 미리 채워 놓을 수도 있지요.

독일에서는 RFID 칩을 손에 심는 사람들이 늘어나고 있습니다. 집이나 차 열쇠, 사무실 출입카드 없이 손만 대면 모든 게 해결되지요. 그러나 사용자 정보가 들어 있는 무선 전송 칩을 사람에게 이식하는 것에 반대하는 사람들도 있어요. 보안과 프라이버시 문제 때문이지요.

안전과 생명을 지키는 스마트 센서

에어컨에 있는 온도 센서는 실내 온도를 재서 일정 온도 이하로 온도가 내려가면 냉방 기능을 중지하고, 일정 온도 이상으로 온도가 올라가면 냉방 기능을 작동합니다. 현관이나 빌딩 계단에 있는 전등에는 근접 센서가 설치돼 있어요. 근접 센서는 사람이 접근할 때만 전등을 켜 전기를 절약하지요.

스마트 센서는 기존의 센서에 아주 작게 만든 전자회로인 마이크로컨트롤러Microcontroller를 결합해 만듭니다. 데이터 처리, 자가 진단, 의사결정, 통신 등의 기능을 갖고 있어요. 마이크로컨트롤러는 하나의 작은 칩에 컴퓨터가 갖고 있는 기본적인 기능을 모두 넣어서 제작한 집적회로IC, Integrated Circuit예요. 마이크로컨트롤러에는 프로그램을 기억하는 메모리와 프로그램을 수행하는 중앙처리장치, 센서에서 들어오는 정보를 디지털 신호로 바꾸는 부품 등이 들어 있습니다.

무선통신 기능이 있는 스마트 센서를 각종 기계에 부착한 제조 공장에서는 태블릿으로 기계의 온도나 상태를 확인할 수 있습니다. 태블릿을 기계에 갖다 대면 화면에 기계 정보가 뜨는 증강현실AR, Augmented Reality 시스템을 활용하는 것이지요.

2025년 모든 기계에 스마트 센서를 부착한 화학공장 '미래화학'에서는 기계관리 정보가 자동으로 수집돼 기계를 언제 교체하는 게 좋은지 미리 알 수 있습니다. 스마트 카메라가 장착된 드론은 공장 곳곳을 돌면서 적외선카메라로 공장 설비들의 발열 상태를 알아봅니다. 자외선카메라로는 눈에 잘 보이지 않는 액체나 기체가 흘러나오지 않는지 살펴봅니다.

용광로 근처에서 일하는 직원들은 스마트 센서가 부착된 작업복을 입습니다. 전에는 뜨거운 불에 녹은 아연이 튀어서 작업복이 뚫리

마이크로컨트롤러는 하나의 작은 칩에 컴퓨터가 갖고 있는 기본적인 기능을 모두 넣어서
제작한 집적회로예요.

스마트 센서를 통해 증강현실 시스템을 구현한 스마트 제조 공장. 무선통신 기능이 있는 스마트 센서를 각종 기계에 부착한 제조 공장에서는 태블릿으로 기계의 온도나 상태를 확인할 수 있습니다.

고 살이 타는 사고도 가끔 있었지요. 스마트 작업복은 사고가 발생하는 순간 옷이 딱딱해지기 때문에 입고 있으면 다칠 일이 없습니다. 게다가 작업복에 온도조절 기능도 있어요. 직원들은 스마트 작업복 덕분에 작업에 더 집중할 수 있게 됐고 더불어 사고 발생율도 줄었답니다.

자동차 회사 '미래 모터스'에서는 인공지능 컴퓨터가 작업장 내 모든 상황 정보를 파악해 시스템을 관리합니다. 만일 페인트칠을 하다 유독 가스가 조금이라도 외부에 유출되면 환경 센서가 이를 감지해 페인트 작업을 중지시켜요. 페인트 공정이 정상으로 복구될 때까지 인공지능 컴퓨터는 다른 제조 공정에 있는 로봇들의 작업 순서를 조정해 문제가 발생하지 않게 합니다. '미래 모터스'는 이렇게 공장 시스템의 효율성을 높여서 자동차 가격을 낮추었어요.

원하는 물건을 만드는 3D프린터

미래는 대회에 출품할 발명품을 만들고 있어요. 발명품을 완성하려면 아주 단단하고 독특하게 생긴 부품이 필요합니다. 그런데 동네 철물점이나 인터넷에서는 원하는 부품을 구하지 못했어요. 고민하던 미래는 학교에 있는 3D프린터로 직접 부품을 만들기로 했지요. 디자인을 전공한 언니에게 부탁해 원하는 모양을 그래픽으로 설계한 다음에 노란색 플라스틱 필라멘트를 3D프린터에 넣어 부품을 만들었어요. 하지만 프린터가 느려서 모두 인쇄하는 데 꼬박 3일이 걸렸답니다.

3D프린터는 어떻게 작동할까

앞으로는 3D프린터만 있으면 세상에 없는 물건도 뚝딱 만들 수 있습니다. 3D프린터의 출력 방식에는 원재료 덩어리를 칼날을 이용해 조각하는 절삭형과 원재료를 여러 개의 층으로 쌓아 올려 제작하는 적층형이 있어요.

절삭형은 완성도가 높지만 구조가 복잡하고 비용이 많이 들어 대부분의 3D프린터는 적층형 방식을 쓰고 있습니다. 3D프린터는 만들고자 하는 물건을 여러 개의 얇은 층으로 나눠서 제작해요. 하나의 층

〈적층형 3D프린터의 제작 방식〉

종류	설명
용융적층 방식	필라멘트라고 부르는 굵은 플라스틱 선을 일정한 속도로 녹이면서 한 층씩 만들어 쌓아 올린다.
분말 소결 방식	레이저를 이용해 분말(가루) 형태의 재료를 특정 부분만 가열하거나 잉크젯 프린터가 잉크를 뿌리듯이 접착제를 뿌려서 분말을 붙인다. 한 층을 제작할 때마다 새로운 분말을 그 위에 얇게 깔고 다음 층을 제작한다. 이렇게 한 층씩 제작해 쌓아 올린 뒤에 붙지 않은 분말을 털어 내면 원하는 물체가 모습을 드러낸다.
광경화 수지 사용	강한 레이저나 자외선을 쪼이면 단단해지는 고분자 용액에 자외선을 쪼여 한 층씩 제작한다. 액체 표면에 빛을 쏘아 제작하기 때문에 한 층을 완성할 때마다 물체를 액체 아래로 조금씩 가라앉히다가 모두 완성이 되면 액체 위로 올려서 꺼낸다.

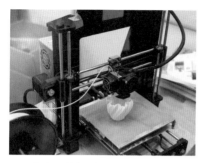
3D프린터로 설계도에 있는 물체를
인쇄하고 있어요.

3D프린터에서 사용하는 플라스틱 필라멘트

을 완성한 다음에 그 층 위나 아래에 다음 층을 만들어 붙여서 전체 모양을 완성하지요. 그래서 3D프린터로 만든 물건을 자세히 들여다보면 얇은 층들을 겹쳐 놓은 형태를 볼 수 있습니다.

적층형 3D프린터는 크게 세 가지 방식으로 물건을 제작합니다. 그 가운데 용융적층 방식이 가격이 저렴하고 다루기 편해 가장 많이 쓰여요. 용융적층 방식의 3D프린터는 철사처럼 생긴 플라스틱 재료(필라멘트)를 프린터에 밀어 넣으면서 작고 정밀하게 제작된 뜨거운 노즐로 녹은 플라스틱을 뿌립니다. 노즐은 좌우로 정확히 이동해 설계도대로 플라스틱을 분사해요. 이렇게 뿌려진 플라스틱은 식으면서 금방 딱딱해지기 때문에 한 층을 인쇄한 다음에 그 위에 다음 층을 인쇄할 수 있지요.

앞으로는 3D프린터가 사용할 수 있는 재료와 규모도 다양해질 것입니다. 분말을 뜨거운 레이저 광선으로 녹여 붙이는 분말 소결 방식을 사용하면 플라스틱뿐만 아니라 유리, 알루미늄, 금, 은 같은 금속으

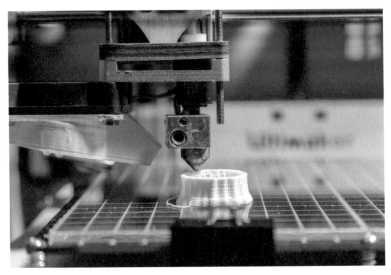

3D프린터에서 뜨거운 열로 녹인 플라스틱을 작은 구멍으로 내보내면서 층층이 쌓아 올리는 용융적층 방식.

로도 제품을 만들 수 있습니다. 중국 베이징에서는 커다란 3D프린터로 콘크리트 반죽을 쌓아 올려서 2층 주택을 45일 만에 지었답니다.

3D프린터로 물건을 인쇄하려면 물건을 그린 입체적인 설계도가 필요합니다. 그래서 지금은 개인이 필요한 물건을 인쇄하기보다는 기업에서 물건을 대량으로 생산하거나 제품 형태를 확정하기 전에 미리 시제품을 제작할 때 3D프린터를 사용하는 경우가 많아요. 하지만 앞으로 3D프린터용 설계 도면을 모은 데이터가 많아지면 여러 설계 도면 가운데 마음에 드는 것을 선택해 물건을 인쇄할 수 있습니다. 소비자가 '제품'이 아니라 제품의 '설계 도면'을 구매하는 것이지요.

2017년 미국에서 일어난 한 살인 사건을 수사하면서 경찰은 피해

자의 스마트폰을 열기 위해 3D프린터로 지문이 있는 손가락을 만들었습니다. 스마트폰은 사람의 정전기를 이용해 지문을 인식합니다. 그래서 플라스틱으로 만든 지문 위에 얇은 금속 입자를 입혀서 센서가 인식할 수 있게 했지요. 이렇게 얻은 정보는 범인을 잡는 데 큰 도움이 되었어요.

하지만 누군가 같은 방법으로 3D프린터를 이용해 지문 보안 시스템을 해제할 수도 있지 않을까요? 또한 3D프린터로 총과 같은 무기를 만들어 범죄를 저지를 수도 있습니다. 범죄 단체들이 인터넷으로 무기 설계도를 주고받는다면 3D프린터를 이용해 세계 어느 곳에서나 무기를 제작할 수 있지요. 이렇게 3D프린터가 나쁜 일에 쓰이는 것을 막으려면 어떻게 해야 할까요?

6 스마트 운반

드론으로
물건을 받고,
로켓을 타고 우주로!

며칠 전 미래는 모아 놓은 용돈으로 큰맘 먹고 운동화를 주문했어요. 며칠 동안 택배가 도착하기를 애타게 기다렸지요. 이렇게 생산자로부터 소비자에게 제품을 운반해 주는 일을 물적유통(물류)이라고 합니다. 길이 꽉 막혔을 때 오토바이에 물건을 실어 배달하거나 자장면이나 피자를 배달해 주는 일도 물류로 볼 수 있어요. 앞으로 드론이나 초고속열차처럼 획기적인 이동 수단을 이용할 수 있게 되면, 이제까지와는 매우 다른 물류 환경이 펼쳐질 거예요.

원하는 시간, 원하는 장소에서 물건을 받아요

학교에서 수업 중이던 미래는 며칠 전에 주문한 택배가 오늘 오후 3시에 도착한다는 문자 메시지를 받았습니다. 집에 택배를 받을 사람이 없어서 택배기사에게 현관문 옆 소방 호스 보관함에 넣어 달라고 부탁했지만 혹시 다른 사람이 가져가지는 않을지 마음이 조마조마합니다. 원하는 시간에 원하는 장소에서 택배를 받을 수 있다면 얼마나 좋을까요?

편할 때 찾아가는 무인 택배함

1인 가구와 맞벌이 가구가 늘어나면서 집에서 택배기사에게 직접 물품을 받는 일이 줄어들고 있습니다. 통계청에 따르면 2015년 10월 기준 배우자가 있는 가구 중 맞벌이 가구는 43.9퍼센트를 차지합니다. 혼자 살고 있는 1인 가구는 전체 인구의 3분의 1 정도예요. 또 2035년까지 맞벌이 가구와 1인 가구의 비율 모두 증가한다고 합니다. 특히 택배기사인 것처럼 속여 집 안에 침입하는 범죄가 늘어나면서 택배기사를 직접 만나거나 집 위치가 택배기사에게 알려지는 것을 꺼리는 경우도 있어요. 따라서 원하는 시간에 물품을 찾아갈 수 있는 무인 택배함이 점점 늘어나고 있습니다.

편의점 GS25는 온라인 쇼핑몰 G마켓과 옥션, 이베이코리아에서 배달하는 물품을 편의점에서 찾아갈 수 있는 배송 서비스, 스마일박스Smile Box를 운영하고 있어요. 물품을 주문할 때 가까운 동네 편의점을 지정하면 편의점 앞에 설치돼 있는 무인 택배함으로 물건이 배달됩니다. 택배함에 물건이 들어오는 즉시 고객의 핸드폰으로 택배함 번호와 일회용 비밀번호가 발급되기 때문에 다른 사람이 물건을 가져갈 수 없어요.

서울주택도시공사(SH공사)는 2016년 택배 물품을 직접 받기 어려운 사람들을 위해 다가구, 다세대 등 소규모 임대주택에 무인 택배함 326개를 설치했습니다. 또 앞으로 일정 규모 이상의 다가구 주택을 매입하거나 건설해서 사람들에게 임대할 때에는 무인 택배함을 꼭 설치하도록 할 계획이랍니다.

배달 로봇과 드론

영국 런던에 본사를 둔 스타쉽 테크놀로지는 배달 로봇을 개발했습니다. 영국, 독일, 미국 등 여러 나라에서 소포부터 피자까지 다양한 물건을 배달하고 있지요. 이 로봇은 고객이 자신의 집에서 약 5킬로미터 안에 있는 동네 식료품점이나 음식점에 주문한 물품을 배달해 줍니다. 자율주행 기술이 발전하면 더 먼 거리도 이동할 수 있을 거예요. 배달 로봇은 카메라와 거리 측정 센서, GPS 등을 사용해 길을 찾고, 사람과 장애물이 나타나면 피하거나 멈출 수 있습니다.

요즘 한강을 가면 드론을 날리는 사람들을 쉽게 만날 수 있는데요. 아마존의 프라임 에어Prime Air는 드론을 이용한 미래형 배송 서비스입니다. 드론을 이용해서 5파운드(약 2.3킬로그램) 미만의 소형 화물을 운송 센터에서 10~20킬로미터 정도 떨어진 곳까지 배달해요. 드론이 추락하거나 범죄에 이용되면 피해를 입는 사람이 생길 수 있기 때문에 미국에서는 드론으로 사업을 하려면 미국 연방항공청FAA의 허가를 받아야 합니다.

FAA는 2016년 8월부터 상업용 드론을 운행할 수 있게 허가했지만 조종사가 눈으로 드론을 볼 수 있는 곳까지만 비행할 수 있습니다. 따라서 지금으로서는 드론으로 물품을 배송하기는 어려워요. 영국에서는 2016년에 아마존이 조종사의 시야를 벗어난 거리까지 드론으로 시험 비행을 할 수 있게 허가하기도 했습니다.

드론은 사람이 타지 않고 무선전파로 조종할 수 있는 무인 비행기예요. 전파를 이용해서 원격으로 조종하거나 GPS 정보를 참고해서 미

스타쉽 테크놀로지에서 개발한 배달 로봇. 물건을 주문한 고객의 스마트폰으로 배달 가방을 여는 비밀번호가 전송됩니다.

물건 배송용 드론

방송 촬영용 드론

리 프로그램에 입력한 위치로 날아가게 할 수 있지요. 주변에서 흔히 접할 수 있는 드론은 여러 개의 모터에 프로펠러가 달린 모습이에요. 손바닥만 한 크기에서부터 2미터가 넘는 것까지 종류가 다양합니다.

드론은 내부에 센서를 가지고 있어서 자세가 기울어지면, 기울어지는 쪽 모터의 회전속도를 재빨리 증가시키고 반대쪽 모터의 회전속도는 낮춰 항상 평형을 유지할 수 있습니다. 이러한 특성 때문에 수직으로 상승하거나 공중에 정지해 있는 동작도 가능하지요.

하지만 단순하게 제작된 드론은 바람이 세게 불거나 속도를 빠르게 바꾸려고 할 때 추락하기 쉽습니다. 드론이 갑자기 떨어지는 사고를 막으려면 가속도 센서나 중력 센서를 추가로 장착하고 각종 상황에 맞게 모터를 제어하는 프로그램도 있어야 해요. 드론은 그 성능에 따라 몇십만 원에서 몇백만 원까지 가격이 다양합니다.

고성능 드론은 인공위성을 이용해 자신의 위치를 정확히 알 수 있는 GPS 기능도 있습니다. 스마트폰이나 태블릿을 통해 지도에서 드론의 이동 경로를 미리 지정하면 정보를 전송받아 정해진 경로를 모두 비행하고 원래 위치로 돌아오지요. 카메라에 사물인식 기능을 넣어서 사용자를 따라다니며 공중에서 사진을 찍을 수 있게 개발된 드론도 있어요. 물속으로 이동하다가 수면을 나와 공중으로 날아오를 수 있는 수륙양용 드론도 있고요. 앞으로 어떤 놀라운 기능을 가진 드론이 또 등장할까요?

길거리의 사람들을 드론으로 촬영해도 될까

드론에는 대부분 카메라가 달려 있어 평지에서 찍기 힘든 장면을 촬영할 수 있어요. 가상현실VR, Virtual Reality 장치를 착용한 후 드론에서 찍은 영상을 전송받으면 마치 직접 드론을 운전하는 것 같은 체험을 할 수도 있지요. 그런데 아무 때나 드론을 날리며 길거리나 사람들을 촬영해도 괜찮은 걸까요? 실제로 해외에서는 누드 비치를 몰래 드론으로 촬영한 영상이 유포돼 문제가 되기도 했습니다. 드론으로 침해받을 수 있는 사람들의 사생활을 보호하려면 어떤 제도가 필요할까요?

12킬로그램 미만의 드론은 면허 없이 조종할 수 있지만 사람들이 많이 모여 있는 곳에서는 비행할 수 없습니다. 야간이나 음주 후 조종도 안 되고 눈으로 보이는 거리까지만 드론을 날릴 수 있어요. 비행장 근처나 스포츠 경기장 등 비행 금지 구역을 꼭 확인해야 합니다. 항공 촬영을 할 때는 국방부의 허가가 필요하고요.

드론의 무게가 12킬로그램이 넘거나 상업용으로 쓸 때는 지방 항공청에 장치를 신고하고 조종 면허도 있어야 하는데요. 교통안전공단에서 주관하는 초경량비행장치 자격증이 필요합니다. 현재 드론은 건축토목 현장에서 측량을 하거나 방송용 촬영을 하는 등 다양하게 쓰이고 있는데요. 드론으로 농작물에 농약을 뿌리는 방제 작업은 짧은 시간에 넓은 면적에 할 수 있어 농촌에서 주목받고 있답니다.

외국에서는 비행 금지 구역에 드론이 들어와서 항공기 운항을 방해한 사례가 여러 차례 발생했어요. 그래서 미국, 영국, 중국 등에서는 손바닥 크기(250그램) 이상의 드론을 소유한 사람은 실명을 등록해야 합니다. 우리나라도 드론을 사용하는 사람들이 늘어나면서 비사업용 드론도 신고 대상으로 검토하고 있습니다.

서울에서 부산까지
지구에서 우주까지

2040년 서울, 미래는 광화문에서 친구를 만나려고 집을 나와 버스를 탔습니다. 택시나 버스 모두 실시간 교통정보를 받으며 자율주행으로 운행하기 때문에 주말인데도 차가 막히지 않아요. 교통사고도 크게 줄었습니다. 어릴 때만 해도 교통사고로 죽는 사람들이 많았는데, 언제 이렇게 변한 것인지 새삼 놀랍습니다.

최고 시속 1,000킬로미터로 달리는 초고속열차

사람의 조작 없이 알아서 운전하는 자율주행 자동차만큼 우리 삶을 크게 바꿀 교통수단이 또 있습니다. 바로 서울에서 부산까지 한 번도 쉬지 않고 30분대에 주파하는 것이 목표인 초고속열차예요. 이 열차의 최고 시속은 1,000킬로미터입니다. 그 속도가 소리가 전파되는 속도인 음속의 0.8배로 음속보다 약간 느려서 아음속 캡슐 트레인이라고 부르지요. 전기자동차 회사 테슬라가 개발 중인 시속 1,300킬로미터의 하이퍼루프Hyperloop와 기본 원리는 같습니다. 사람이 탄 캡슐이 진공에 가까운 튜브형 터널을 통해 이동하는데, 공기저항이 거의 없어서 빠르게 속도를 낼 수 있어요.

초고속열차는 주행 중 공기저항을 최소화하기 위해 원형 튜브 구조물 내의 공기압을 0.001기압 수준으로 낮춥니다. 이는 거의 진공 상태와 같아요. 또한 바퀴에서 발생할 수 있는 마찰력을 없애기 위해서 전자석의 반발력을 이용해 사람이 탄 캡슐이 공중에 살짝 뜰 수 있게 제작합니다. 모든 기술이 완성되면 초고속열차는 캡슐 안에 사람을 태우고 진공으로 된 파이프 안에서 살짝 떠 있는 상태로 날아갈 거예요. 아음속 캡슐 트레인은 한국철도기술연구원이 기술 개발을 주도하고 있습니다. 2011년에는 시험용으로 52분의 1 크기의 진공 튜브열차를 제작해 시속 700킬로미터로 달리는 데 성공했답니다.

테슬라가 개발하고 있는 초고속열차는 캡슐 안에 사람을 태우고 진공으로 된 파이프 안에서 살짝 떠 있는 상태로 날아갑니다.

우주로 가는 사람들

일론 머스크가 최고경영자로 있는 우주개발 업체 스페이스X는 2017년 3월 30일(현지 시간) 항공우주산업의 역사를 새로 썼습니다. 우주개발 역사상 처음으로 재활용 로켓을 우주로 쏘아 올리는 데 성공한 것이지요. 스페이스X는 이날 미국 플로리다주 케이프커내버럴의 케네디 우주센터에서 이미 우주에 한 번 다녀온 팰컨Falcon 9를 다시 하늘로 발사했어요.

팰컨 9는 국제우주정거장ISS, International Space Station에 화물을 운송하기 위해 발사했던 로켓의 일부예요. 발사한 날 대서양에 수직으로 착륙시키는 데 성공했지요. 로켓 재활용 시대를 연 이번 로켓 발사는 전 세계에 생중계되었어요. 로켓 발사에 성공하자 일론 머스크는 "우주

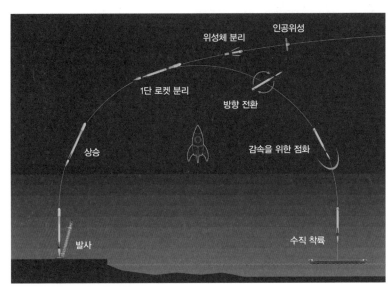

인공위성

위성체 분리

1단 로켓 분리

방향 전환

상승

감속을 위한 점화

발사

수직 착륙

로켓 재활용 개념도. 인공위성을 쏘기 위해 사용된 추진체를 수평을 유지하는 기술을 이용해 지상에 수직으로 착륙하게 만든 뒤, 다음 번 발사 때 다시 사용합니다.

비행의 거대한 혁명이 될 것"이라고 말했습니다.

로켓을 재활용했다니 무슨 뜻일까요? 무거운 연료와 장비를 잔뜩 실은 로켓은 지구의 인력을 벗어나기 위해 많은 연료를 소비하면서 올라갑니다. 그러다 중간에 거의 비어 버린 아래쪽 연료통을 떼어 내요. 무게가 가벼워진 로켓은 더 빠른 속력으로 올라가지요. 그동안은 이렇게 중간에 떼어 낸 아래쪽 연료통을 바다에 버렸는데, 스페이스X는 이 연료통을 찾아서 또 사용할 계획을 세웠습니다. 스페이스X는 떨어지는 연료통에 연료를 조금 남겨 두었다가 여러 개의 작은 로켓 엔진을 이용해 마치 드론이 수직으로 착륙하는 것처럼 연료통이 수직으로 천천히 지상에 착륙하게 했어요. 떨어지면서 거의 손상되지 않은 연료통을 재활용할 수 있게 말이죠.

로켓 재활용은 항공우주산업에 들어가는 막대한 예산을 줄일 수 있는 획기적인 방법입니다. 하지만 처음에는 로켓 전문가들 가운데서도 의심을 품는 사람들이 많았어요. 로켓이 발사되는 과정에서 기계와 금속이 높은 압력을 받기 때문에 연료통을 다시 사용하는 일은 위험하다고 생각했기 때문이죠.

일론 머스크는 로켓을 재사용하는 연구를 계속했고, 발사된 로켓의 연료통이 속도를 조절해 땅에 수직으로 착륙하게 하는 데 성공했습니다. 그리고 2017년 드디어 연료통을 재활용해 로켓을 성공적으로 발사하게 된 것이죠. 스페이스X는 이제 다른 로켓 발사 회사보다 적은 비용으로 로켓을 쏠 수 있습니다.

1968년에 달까지 처음으로 갔던 아폴로Apollo 8호 이후로 달에 간 사람은 스물네 명이며 그중 달 표면을 걸었던 사람은 열두 명뿐입니다. 일론 머스크는 앞으로 화성에도 사람을 보내려고 합니다. 거의 모든 것을 자동화한 로켓을 이용해 로봇과 사람이 사용할 물자를 먼저 화성으로 보내고 사람은 나중에 보낼 예정이지요.

미국 항공우주국NASA은 2035년 화성에 사람을 보내겠다고 발표했습니다. 현재의 기술로 화성을 갔다가 오는 데 걸리는 시간은 대략 520일 정도예요. 오랜 시간이 걸리는 만큼 준비해야 할 것도 많습니다. 화성에 가서 지구로 돌아올 때까지 물, 음식, 산소 등이 부족하지 않게 필요한 물품을 화성으로 먼저 보낼 계획이라고 합니다.

막대한 예산이 필요한 우주산업

사람이 우주에 오래 머물다 보면 우주 입자에 노출되는 시간이 늘어나 건강을 해칠 수도 있습니다. 전기를 띤 우주 입자들이 우주비행사의 몸을 관통하면 암이나 심혈관, 근골격계 질환이 생길 수 있거든요. 철과 같이 질량이 크고 전기를 강하게 띠는 우주 입자는 한 달 만에 생쥐의 기억력을 감소시키기도 했습니다.

또한 우주여행 동안 우주비행사들의 운동 시간이 줄어들거나 잠자는 시간이 늘어나면 위험할 수 있습니다. "장기간 우주여행에서 우주비행사들 간에 서로 수면 시간이 맞지 않고 수면의 질이 나빠지면 자칫 큰 사고로 이어질 수 있다"는 연구 결과도 있어요. 우주비행사가 늦잠을 자지 않게 하려면 우주선 내부 조명에 파란색 파장의 빛을 넣는

지구에서 화성에 갔다가 오는 데 걸리는 시간은 대략 520일 정도예요. 미국 항공우주국은 화성에 가서 지구로 돌아올 때까지 물, 음식, 산소 등이 부족하지 않게 필요한 물품을 화성으로 먼저 보낼 계획입니다.

민간 우주 여행사 버진 갤럭틱은 마치 두 대의 비행기를 붙여 놓은 듯한 비행기 가운데에 로켓을 달고 성층권으로 올라가서 우주 체험을 할 수 있는 상품을 준비하고 있어요.

것이 좋은데요. 파란빛은 뇌에 깨어나라는 신호를 줍니다.

　우리나라도 2013년 나로호(KSLV-1) 발사에 성공하면서 한국형 발사체(KSLV-2) 개발과 달 탐사 계획을 추진하고 있습니다. 하지만 362조 원(2015년 기준)에 이르는 전 세계 우주 시장 규모에 비해 한국의 우주산업 분야 활동 금액은 약 3조 1,231억 원(2015년 기준)에 지나지 않아요. 특히 해외에서는 민간 기업의 투자가 늘고 있는데 우리나라는 줄고 있지요. 우주산업은 막대한 개발 비용이 필요하지만 투자금을 도로 거두어들이는 데 최소 40년이 걸립니다. 이렇게 많은 비용을 부담하면서 우리는 계속 우주산업을 추진해야 할까요?

이러한 여러 가지 어려움을 극복하고 우주여행을 관광산업으로 개발하려는 회사도 있습니다. 버진 갤럭틱은 마치 두 대의 비행기를 붙여 놓은 듯한 커다란 비행기 가운데에 로켓을 달고 성층권으로 올라가서 우주 체험을 할 수 있는 상품을 준비 중이에요. 이미 수백 명이 미리 돈을 내고 기술이 완성되길 기다리고 있지요. 스티븐 호킹도 우주 탐사선의 탑승권을 약속받았어요.

버진 갤럭틱의 아이디어를 바탕으로 스트라토런치 시스템은 로켓을 성층권까지 운반해 줄 세계에서 제일 큰 비행기를 제작했습니다. 생각보다 많은 사람들이 우주여행을 실현하기 위해 꾸준히 준비하고 있답니다.

7 빅데이터

엄청난 양의
빅데이터는
어떻게 쓰일까?

농구나 축구, 야구와 같은 팀 스포츠를 좋아하나요? 어떤 운동이든 좋은 성적을 거두려면 우선 실력이 좋은 선수들로 팀을 구성해야 합니다. 〈머니볼〉은 미국 메이저리그MLB, Major League Baseball의 오클랜드 애슬레틱스 팀 단장이었던 윌리엄 라마 빈William Lamar Beane이 이름 없는 구단을 어떻게 승리로 이끌었는지 다룬 영화인데요. 그는 적은 예산으로 구단을 효율적으로 운영하기 위해 경기 기록을 새로운 관점에서 분석한 데이터를 바탕으로 선수를 영입했습니다.

선수들의 능력을 객관적인 시각으로 볼 수 있게 다양한 자료를 분석하는 통계 시스템, 세이버매트릭스Sabermetrics를 도입했지요. 타율이나 홈런 개수 같은 기록 외에 출루율이나 회당 안타, 볼넷 허용률에 초점을 맞추었어요. 오클랜드는 비록 월드시리즈에서 우승하지는 못했지만 몇 년간 꾸준하게 포스트시즌에 진출했습니다. 세이버매트릭스는 지금은 쓰지 않는 구단이 없을 정도로 널리 퍼져 있는 시스템입니다. 선수들이 연봉을 협상할 때에도 객관적인 자료로 활용되고 있지요. 이처럼 전에 있는 데이터를 새로운 시각에서 분석하고 활용하면 전혀 다른 결과를 얻을 수 있습니다.

우리의 일상이
데이터로 쌓이고 있다

최근에 사진에 관심을 가지게 된 미래는 인터넷 쇼핑 사이트에서 카메라를 구입했습니다. 자주 사진을 찍다 보니 카메라 케이스나 삼각대도 필요했지요. 그래서 쇼핑 사이트에 들어갔더니 삼각대와 카메라 케이스를 추천 상품으로 보여 주는 게 아니겠어요. 그것도 미래의 용돈으로 살 수 있는 가격대의 제품으로 말이지요.

빅데이터의 등장

2012년 세계경제포럼WEF, World Economic Forum은 녹색혁명 2.0, 무선전력 기술 등 떠오르는 10대 기술 가운데 빅데이터를 가장 주목해야 할 기술로 선정했습니다. 사물인터넷이나 인공지능과 같은 정보통신 기술이 이끄는 4차 산업혁명에서도 빅데이터는 중요한 구성 요소입니다. 빅데이터란 많은 양의 데이터를 수집해 자료를 분석한 후 결과를 이끌어 내는 도구와 플랫폼, 분석기법을 통틀어 말합니다. 무수하게 많은 데이터를 사용자의 목적에 따라 가치 있는 자료로 만드는 활동이지요.

빅데이터는 인터넷의 발달과 가깝게 맞닿아 있습니다. 사실 데이터는 형식만 다를 뿐 자료와 같기 때문에 인류의 역사와 함께해 왔어요. 문자가 없던 시대도 벽화와 같은 그림으로 그때 모습을 미루어 생각해 볼 수 있는 것처럼 말이지요. 하지만 최근의 데이터 생성량은 예전과 다르게 엄청난 속도로 증가하고 있습니다. 스마트폰의 보급으로 우리가 핸드폰을 작동하는 모든 행동이 데이터로 기록되고 있지요.

예전에는 친구와 나눈 이야기를 일기에 적어야 데이터가 되었지만

빅데이터란 많은 양의 데이터를 수집해 자료를 분석한 후 결과를 이끌어 내는 도구와 플랫폼, 분석기법을 통틀어 말합니다.

지금은 소셜미디어에서 친구들과 나누는 대화나 사진, 동영상 모두 매 순간 데이터가 되고 있습니다. 트위터, 유튜브, 페이스북, 구글을 통해 발생하는 글로벌 데이터의 규모는 기하급수적으로 늘고 있는데요. 네트워킹 하드웨어 등을 판매하는 다국적기업 시스코는 글로벌 데이터가 2017년에 7.7제타바이트^{ZB}, 2020년에는 15.3제타바이트까지 늘어날 것이라고 예측했어요. 업체에 따라서는 40제타바이트까지 증가할 것이라고 예측하는 곳도 있습니다.

이러한 수치는 얼마나 큰 숫자일까요? 데이터 용량을 말할 때 자주 쓰는 기가바이트^{GB}는 10^9바이트이며, 하드디스크에서 쓰이는 테라바이트^{TB}는 10^{12}바이트를 말하는데요. 제타바이트는 테라바이트의 10억 배를 의미합니다. 이처럼 데이터의 양이 많아지면서 이용할 수 있는 데이터는 풍부해졌지만 그만큼 필요한 자료를 효율적으로 빠르게 뽑아내는 일이 중요해졌습니다.

빅데이터의 특징: 양, 속도, 다양성

빅데이터는 3V로 그 특징을 요약할 수 있습니다. 미국의 IT 전문 시장 조사 업체 가트너의 분석가 더그 레이니$^{Doug\ Laney}$가 정의한 것으로, 3V는 데이터의 양^{Volume}, 속도^{Velocity}, 다양성^{Variety}을 의미합니다. 아이비엠에서는 진실성^{Veracity}을 추가해 4V로, 브라이언 홉킨스$^{Brian\ Hopkins}$는 가변성^{Variability}을 추가해 4V로 정의했지만 일반적으로는 3V가 가장 널리 쓰입니다.

티머니 앱을 이용하면 교통카드를 찍은 정류장과 지출한 비용 및 이용시간까지 알아볼 수 있어요.

하루 동안 우리가 만들어 내는 데이터의 양은 얼마나 많을까요? 앞서 이야기한 소셜미디어 외에도 사실 우리 일상의 대부분이 기록되고 있습니다. 대중교통을 이용할 때 교통카드를 쓰지요. 티머니와 같은 교통카드 앱에서는 어느 지역에서 언제 교통카드를 사용했는지 알아볼 수 있습니다. 자동차를 타더라도 요즘 대부분의 차량에 달려 있는 블랙박스를 통해 이동 경로를 알 수 있고요. 또 서울 시내에서 하루 동안 이동할 경우 CCTV에 100번 가까이 찍힌다는 연구 결과도 있습니다. 서울시에 공식적으로 등록된 CCTV 개수만 해도 2017년 2월 기준 약 3만 8천 대 정도예요. 요즘에는 보안을 위해 개인이 설치하는 경우도 많아서 실제로는 더 많겠지요.

대형 마트에서 물건을 사도 회원 카드에 구매 기록이 저장됩니다. 인터넷 쇼핑몰을 이용하면 지난번에 산 물건이나 자주 구매하는 물건을 추천해 주기도 해요. 구글은 휴대폰 운영체제인 안드로이드Android를 무료로 공개하는데요. 구글은 안드로이드 운영체제를 쓰는 각종 기기에 쌓이는 빅데이터를 모으고 있습니다.

이렇게 우리의 일상은 순간순간 인터넷을 통해 기록되고 있습니다. 구글의 회장이었던 에릭 슈미트Eric Schmidt는 우리가 이틀에 만들어 내는 데이터의 양이 인류 문명이 시작된 이후 2003년까지 축적된 데이터의 전체 양보다 많다고 말했습니다. 데이터의 양이 많아지면서 일부만 추출해 조사하는 샘플링 방식의 단점을 극복할 수 있게 됐어요. 데이터의 다양성이 확보된 것이지요.

데이터의 속도도 빅데이터의 중요한 특징입니다. 예전에는 정보를 수집하기 어렵고 컴퓨터의 처리 속도도 느려 데이터 분석을 하려면 특정한 기간을 정해 놓고 그 기간 동안의 데이터만 분석했습니다. 이제는 여러분이 글을 읽고 있는 이 순간에도 무수히 많은 데이터가 생성되고 저장되고 있어요. 또 인터넷과 모바일의 데이터 전송 속도도 계속 빨라지고 있지요. 이렇게 데이터 처리 속도가 빨라지고 다양한 분석 방법이 발달하면서 요즘은 실시간으로 데이터를 분석하고 의사결정에 활용하고 있습니다. 예를 들어 예전에는 포털 사이트에 언론사나 편집자가 선택한 기사들이 주로 노출되었다면 요즘에는 실시간 데이터 분석을 통해 그 시간에 사람들이 관심을 가지는 주제에 관련된 기사를 자동으로 보여 줍니다.

데이터의 다양성 또한 엄청나게 증가하고 있습니다. 기존의 데이터 분석은 정해진 틀에 맞는 자료를 조사했습니다. 카드 회사에서 상품을 만들 때도 직업, 성별, 나이 등으로 고객을 분류하고 그에 맞는 서비스를 제공했지요. 예를 들어 20대 초반 남자 대학생이 카드를 만든다고 하면 혜택으로 그 나이대 남자 대학생들이 많이 이용할 것이라 예상되는 극장표 할인, 자격증시험 응시료 할인과 같은 서비스를 제공했어요. 하지만 지금은 소셜미디어 외에 사물인터넷과 그에 따른 센서 기술의 발달로 기업이 수집할 수 있는 데이터의 형식이 매우 다양해졌고 이를 바탕으로 좀 더 세분화된 맞춤형 서비스를 제공하지요.

다양한 스마트 기기와 인터넷 접속 기록으로 20대 남자 대학생이 영화를 자주 보지만 극장을 가기보다는 스트리밍 사이트를 주로 이용하고, 운동을 좋아한다는 사실을 알아낼 수 있습니다. 기업이 전에는 정해진 틀에 고객을 맞추려고 했다면 지금은 고객의 모든 특성을 분석하고자 합니다. 과거의 데이터가 정해진 틀이 있는 정형 데이터라면 크게 직접적으로 연관이 없어 보이는 무수히 많은 오늘날의 데이터는 구조화가 되어 있지 않은 비정형 데이터에 가깝습니다. 이렇게 다양하지만 틀이 없는 데이터를 관련성 있게 잘 연결 지어 의사결정에 반영하는 것도 빅데이터를 활용하는 중요한 기술입니다.

다양하게 활용되는 빅데이터

미래는 며칠 전 코엑스로 콘서트를 보러 갔어요. 너무 신나서 시간 가는 줄 몰랐는데, 공연이 끝나고 시계를 보니 12시가 넘었지 뭐예요. 공연 장소인 코엑스에서 노원인 집까지 가는 막차를 놓친 것 같아 마음이 조마조마했어요. 그런데 함께 간 친구가 올빼미 버스가 있으니 걱정하지 말라는 거예요.

서울시에서 운영하는 올빼미 버스를 알고 있나요? 2013년에 도입한 심야버스인데, 늦은 시간에 활동하는 사람들이 편하게 탈 수 있게 오전 0시부터 네 시까지 운행합니다. 유동 인구가 많은 구간에 버스 노선을 새로 설치했지요. 그런데 어떻게 수많은 버스 구간 가운데 늦은 시간에 버스를 타는 사람들이 많은 구간을 알 수 있었을까요?

서울시 올빼미 버스

서울시는 케이티와 협력해 2013년 3월 한 달간 사용된 케이티의 통화 데이터 30억 건을 분석했습니다. 물론 휴대폰 가입 정보와 같은 개인 정보와 관련된 내용은 제외하고 순수한 데이터 양만을 조사했어요. 또 교통카드 사용 데이터를 통해 야간 택시의 승하차 정보도 분석했지요. 택시를 많이 타면 버스 역시 이용할 가능성이 높기 때문입니다. 이러한 정보를 구역별 지리정보 시스템으로 시각화해 사람들이 많이 이용하는 구간은 진한 색으로 표시했습니다. 이렇게 빅데이터 분석을 통해

빅데이터 정보를 구역별 지리정보 시스템으로 시각화해 사람이 많이 이용하는 구간은 진한 색으로 표시했습니다. 이렇게 올빼미 버스의 최적화 노선과 배차 간격을 정했지요.
ⓒ 공간정보 웹진

올빼미 버스의 최적화 노선과 배차 간격(40~45분)을 정했답니다.

올빼미 버스는 2013년 9월에 아홉 개 정식 노선을 모두 개통했고 지금까지도 성공적으로 운행하고 있어요. 늦은 밤 버스가 끊겨 택시를 타야 했던 시민들은 교통 비용을 절약할 수 있게 됐고, 더불어 택시의 승차 거부도 많이 감소했습니다. 올빼미 버스에 사용된 데이터 분석 기법은 어린이 보호 구역에서 일어나는 교통사고의 발생 시간과 계절, 위치 등을 분석해 교통사고를 줄이기 위한 정책을 연구하는 기반이 되기도 했습니다.

구글 독감 트렌드

구글은 2008년부터 전 세계에서 독감 관련 단어가 검색되는 빈도를 분석해 구글 독감 트렌드GFT, Google Flu Trends를 발표했습니다. 사람들이 독감과 관련된 증상이 나타났을 때 독감 증세, 독감 치료와 같은 독감 관련 내용을 인터넷에서 검색하는 데이터를 바탕으로 특정 지역에서 독감이 언제 발병할지 예측한 것이지요. 2009년 2월 대서양 중부 연안에서 독감이 확산될 것이라고 미국 질병통제예방센터CDC보다 1~2주 먼저 예측한 것은 엄청난 화제가 됐습니다.

미국 질병통제예방센터의 경우 병원 환자와 의사 들을 조사해 경향을 분석하기 때문에 예보를 발표하려면 독감 발병 이후 1~2주 정도 시간이 걸립니다. 구글 독감 트렌드는 실제 발병 지역과 거의 일치한 결과를 빠르게 발표했습니다. 하지만 실제 독감 발생 기간보다 오랜 기간 동안 독감이 발생할 것이라 예측해 문제가 되기도 했습니다.

구글이나 네이버에서 제공하고 있는 신경망 기계번역 프로그램도 수많은 문장을 분석하고 사용자들이 검색을 하며 입력하는 데이터들을 무수히 축적해 문맥에 맞는 의미를 찾습니다. 시간이 지나 문장이 많이 쌓일수록 점점 번역의 질도 좋아집니다. 인공지능 컴퓨터 아이비엠 왓슨은 1천500만 쪽에 달하는 의료 정보와 환자의 의료 데이터를 분석해 병을 진단하지요.

인터넷 종합 쇼핑몰 아마존이나 스트리밍 미디어 넷플릭스는 빅데이터를 활용해 고객의 습관이나 취향을 분석해 고객이 좋아할 만한 제품이나 콘텐츠를 추천하고 있습니다. 오바마 전 미국 대통령의 선거팀은 빅데이터를 활용해 다양한 유권자의 성향을 파악해 선거 정책을 세우고 운동을 진행해 재선에 성공하기도 했지요.

빅데이터는 어디에, 어떻게 저장되고 있을까

앞에서 글로벌 데이터는 2017년에 7.7제타바이트, 2020년에 15.3제타바이트까지 늘어날 것이라고 했지요. 여러분이 자주 사용하는 휴대폰의 용량이 보통 64기가바이트 정도인데요. 7.7제타바이트의 데이터를 저장하려면 약 1,200억 대의 휴대폰이 필요합니다. 이렇게 엄청난 양의 데이터는 어디에 어떻게 저장되고 있을까요?

클라우드 컴퓨팅

클라우드 컴퓨팅Cloud Computing은 인터넷망을 활용해 데이터를 저장하거나 네트워크 같은 컴퓨터 자원을 이용하는 것입니다. 이미 많은 사람들이 네이버 클라우드, 마이크로소프트의 원드라이브OneDrive, 애플의 아이클라우드iCloud, 드롭박스Dropbox 등의 데이터를 저장하는 클라우드 컴퓨팅의 일부인 웹하드 서비스를 쓰고 있지요. 기업에서 데이터센터 업체를 통해 구축하는 서버도 클라우드 컴퓨팅 시스템입니다. 예를 들면 컴퓨터를 회사에 설치하는데 본체는 사지 않고 데이터센터 업체에서 빌려 쓰고 모니터와 키보드, 마우스만 구매하는 셈이죠. 이렇게 하면 회사는 서버를 설치하는 데 드는 막대한 비용을 아낄 수 있습니다.

　클라우드 컴퓨팅을 사용하면 저장 공간을 공유할 수 있을 뿐만 아

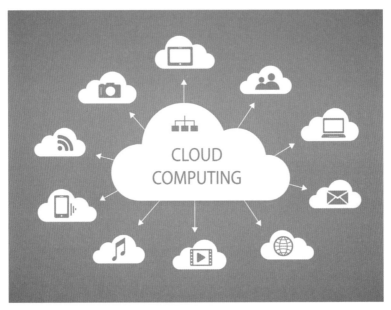

클라우드 컴퓨팅은 인터넷망을 활용해 데이터를 저장하거나 네트워크와 같은 컴퓨터 자원을 이용합니다.

니라 여러 컴퓨터끼리 연결해 슈퍼컴퓨터를 운영할 수 있습니다. 여러 대의 컴퓨터를 한 대의 컴퓨터처럼 사용할 수 있는 것이죠. 만약 공연 예매 등으로 일시적으로 특정 시간에 사이트 접속자 수가 늘어날 예정이라면 서버를 늘리는 것이 아니라 데이터센터 업체를 통해 서버를 빌려 일시적으로 확장할 수 있습니다. 이렇게 서버를 빌리면 필요할 때만 비용을 더 지불하면 돼요. 빅데이터를 처리할 때도 데이터의 양이 급격하게 늘어나거나 줄어들었을 때 효율적으로 대처할 수 있지요. 대표적인 데이터센터로는 아마존 웹 서비스AWS, Amazon Web Services, 마이크로소프트 애저Microsoft Azure 등이 있는데 두 회사 모두 우리나라에 데이터센터를 설립해 운영하고 있어요.

대용량 데이터를 처리하려면

빅데이터를 활용하려면 수많은 데이터를 빠르게 처리하는 게 중요합니다. 예전 방식으로 하드디스크에 저장된 데이터를 읽으려면 시간이 오래 걸려요. 예를 들어 한 교실에서 수업 시작 전에 몇 명의 학생이 출석했는지 세려고 합니다. 한 학급에 30명 정도의 학생이 있다면 몇 명이 출석했는지 알아보는 게 그리 어렵지 않겠지요. 그런데 한 학급의 학생 수가 수백 명이라면 어떨까요? 선생님이 출석을 부르는 데만 오랜 시간이 걸리겠지요. 이럴 때는 학생들을 여러 교실로 분산시켜 여러 명의 선생님이 동시에 인원을 세면 시간을 줄일 수 있습니다. 이게 바로 분산 병렬 컴퓨팅이에요.

하둡은 빠르게 데이터를 분석할 수 있는 대표적인 분산 파일 시스템입니다.

데이터센터 회사에서는 빅데이터를 빠르게 처리할 수 있는 시스템을 개발했는데요. 가장 대표적인 것이 하둡Hadoop입니다. 하둡은 다시 하둡 분산 파일 시스템HDFS, Hadoop Distributed File System과 맵리듀스MapReduce 등으로 구성됩니다. 먼저 HDFS부터 살펴보지요. HDFS는 출석 확인을 빠르게 하기 위해 학생들을 여러 교실에 나눠서 배치한 것처럼, 데이터를 물리적으로는 서로 다른 곳에 있지만 네트워크상으로 연결된 여러 컴퓨터의 하드디스크에 나눠서 관리하는 시스템입니다. 비슷한 방식인 구글 파일 시스템GFS, Google File System이 먼저 개발됐지만 하둡은 오픈소스 하드웨어 프로젝트로 무료로 쓸 수 있어 널리 사용되고 있지요.

맵리듀스는 분산해서 저장한 자료들을 빠르게 추출하는 시스템입니다. 구글에서 2004년 개발했는데, 데이터를 맵과 리듀스 단계로 나누어 처리합니다. 맵 단계에서는 흩어져 있는 데이터를 연관성 있는 데이터끼리 묶고, 리듀스 단계에서는 맵 단계에서 발생한 중복 데이터를 제거하고 원하는 데이터를 추출합니다. 이러한 분산 병렬 작업에서

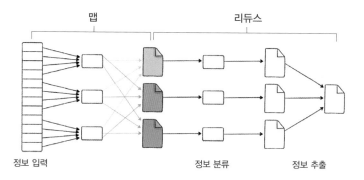

맵리듀스는 분산 병렬 컴퓨팅에 수없이 많은 컴퓨터와 하드디스크를 사용하기 때문에 데이터에 오류가 발생합니다. 따라서 어떤 컴퓨터나 하드디스크가 고장 나더라도 문제없도록 세 군데 이상의 서버에다 정보를 저장해요. ⓒ 안희원

가장 중요한 것은 데이터 처리의 안정성인데요. 분산 병렬 컴퓨팅은 수없이 많은 컴퓨터와 하드디스크를 사용하기 때문에 수시로 데이터에 오류가 발생합니다. 따라서 어떤 컴퓨터나 하드디스크가 고장 나더라도 문제없도록 세 군데 이상의 서버에다 정보를 저장합니다.

빅데이터 분석 기법

이제 이렇게 저장한 빅데이터를 어떻게 분석하는지 알아볼까요. 데이터 분석 기법에는 데이터 마이닝Data Mining과 비정형 데이터 마이닝Unstructured Data Mining이 있습니다. 데이터 마이닝이란 매우 많은 양의 데이터에서 가치 있는 정보를 추출하는 것으로 데이터 안에서 체계적이고 통계적인 규칙을 만들어 의사결정에 활용하지요. 데이터 안에 있는 지식을 발견한다는 의미로 KDD Knowledge Discovery in Database라고도

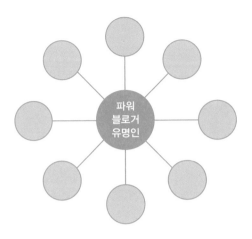

소셜 마이닝. 파워블로거나 유명인들처럼 소셜네트워크에서 영향력이 강한 경우 다양한 사람에게 동시에 원하는 내용을 전달할 수 있다.

합니다. 넷플릭스에서 고객의 영상 구독 패턴을 분석해 좋아할 만한 영상을 추천해 주는 것도 데이터 마이닝입니다.

　다양한 형태의 데이터를 모으는 빅데이터 시대가 오면서 비정형 데이터 마이닝이 갈수록 주목받고 있는데요. 빅데이터 시대에 수집하는 문서나 소셜미디어의 글은 예전 문서와 비교해 문법에 맞지 않거나 맥락이 없는 내용들이 많기 때문에 기존의 분석 방식으로는 파악하기 어렵습니다. 대표적인 비정형 데이터 마이닝에는 소셜 마이닝, 텍스트 마이닝, 평판 분석, 군집 분석 등이 있는데요. 소셜 마이닝이란 소셜미디어에 올라오는 제품에 대한 평가나 반응 등을 분석해 상품 판매나 홍보에 적용하는 기술입니다. 150쪽 그림처럼 수학의 그래프 이론을 활용한 것인데요. 소셜네트워크상에서 영향력을 바탕으로 입

축구에 대한 텍스트 마이닝 사례. 축구와 관련된 단어를 많이 언급된 순서에 따라 크기별로 나열합니다. 자주 사용되는 단어들은 큰 글씨로, 그렇지 않은 단어들은 작은 글씨로 나타나지요.

소문을 내는 역할을 하는 사용자를 찾는 데 주로 씁니다.

텍스트 마이닝은 자연어 처리 기술을 이용합니다. 비정형의 텍스트 데이터에서 패턴 또는 관계를 추출해 유용한 정보를 찾아내지요. 자연어는 우리가 일상적으로 사용하는 언어를 뜻하고, 반대말인 인공어는 모스 부호나 기호와 같은 언어를 의미합니다. 텍스트 마이닝 기술을 이용하면 우리가 쓰는 문서, 이메일, 웹페이지에서 비슷한 의미를 가진 단어들끼리 카테고리를 만들 수 있어요. 자연어는 문법 규칙이나 단어가 다양하게 쓰이기 때문에 분석하기 어렵지만 다양한 통계와 인공신경망 기술을 활용해 그 의미를 파악하고 있습니다. 소셜미디어에서 가끔 사용자가 가장 많이 사용하는 단어를 모아서 보여 주는 서비스를 제공하는데요. 이것도 텍스트 마이닝의 한 예입니다.

평판 분석은 오피니언 마이닝이라고도 부르는데요. 소셜미디어에서 추출한 비정형 텍스트에서 긍정이나 부정 등의 선호도를 구별하는 문서기술입니다. 감정에 대한 단어나 특정 용어에 점수를 매겨 평판을 파악합니다. 특정 서비스 및 상품에 대한 시장 규모를 예측하거나 소비자의 입소문을 분석하는 데 활용하지요.

빅데이터의 미래

우리가 만들어 낸 데이터는 빅데이터가 되고 우리는 다시 빅데이터를 가공해 필요한 정보를 얻습니다. 이러한 인터넷 생태계는 수많은 위험 요소를 갖고 있어요. 많은 국가 기관에서 인터넷 회선을 감청하고 있고, 우리나라에서도 국가정보원이 인터넷의 정보를 볼 수 있는 인터넷 패킷 감청을 수사에 동원해 문제가 되기도 했습니다.

중국, 사우디아라비아 등에서는 여러 정보를 국가에서 차단하거나 감시하고 있으며 프랑스에서는 수사기관에서 이메일, 문자 등을 별다른 조치 없이 조회할 수 있는 법안이 의회에서 통과됐습니다. 캐나다나 영국에서도 비슷한 법안을 준비하고 있어요. 기업에서는 사람을 채용할 때 소셜네트워크 서비스를 활용해 지원자의 성향을 파악하기도 합니다.

빅데이터 관련 산업에서 중요한 역할을 하는 클라우딩 컴퓨팅 시스템은 편리한 만큼 보안에도 큰 관심이 필요합니다. 클라우드 시스템의 특성상 많은 정보가 인터넷을 통해 오가기 때문에 다양한 형태로 악성코드 등이 침투할 수 있고, 해킹을 통해 정보를 빼내기도 쉽기 때문입니다. 그래서 개인정보를 보호하기 위해 클라우드 방식의 저장매체를 사용하지 않는 사람들도 많이 있어요.

기업들은 빅데이터를 모을 때 개인정보에서 이름이나 전화번호 등을 지우기도 합니다. 그런데 미국에서 실험한 결과 불과 몇 개의 데이터를 조합해 짧은 시간 안에 데이터의 주인공을 찾았다고 합니다. 국가와 기업, 개인은 앞으로 어떻게 자신의 정보를 보호해야 할까요?

8 사물인터넷

스마트 스피커는
어떻게
형광등을
켜는 걸까?

미래는 다음 사회 수업 때 세상을 바꿀 미래기술로 사물인터넷을 조사해 발표하기로 했습니다. 인공지능, 자율주행 자동차, 가상현실처럼 재미있어 보이는 주제들이 많았는데, 가위바위보에서 지는 바람에 사물인터넷을 맡게 되었어요. 사물이 인터넷을 한다니 무슨 말일까요? IoT라고도 한다는데 어떻게 읽어야 할지도 모르겠습니다. 당황스러워하고 있는 미래에게 선생님은 우선 사물인터넷이 무슨 뜻인지 알아보는 것부터 시작하는 게 좋겠다고 조언해 주셨어요.

모든 것이 인터넷으로
연결되는 사회

1999년 미국의 생활용품 제조회사 프록터앤드갬블에서 브랜드 매니저로 일하던 케빈 애슈턴Kevin Ashton은 창고에 있는 재고 물품을 효율적으로 관리하기 위해 제품에 무선 센서를 달기로 했습니다. 센서를 달아 물건들이 어디 있는지 쉽게 파악하려고 한 것이지요. 사물Things에 인터넷Internet이 가능한 컴퓨팅 기능을 내장하는 기술에 관심이 많았던 케빈 애슈턴은 두 단어를 합쳐 사물인터넷IoT, Internet of Things이라는 말을 만들었어요. 그 후 사물인터넷은 관련 기술의 발달로 사용 범위가 넓어졌습니다.

이제 사물인터넷은 사람, 사물, 공간, 데이터 등 모든 것이 인터넷으로 서로 연결되어, 정보가 생성, 수집, 공유, 활용되는 기술과 서비스를 말합니다. 통신 기능을 이용해 지능형 인터페이스를 갖춘 사물들이 각종 정보를 서로 교환하고, 정보를 이용해 사용자에게 편리함을 제공하는 기술이지요.

생활을 편리하게, 스마트 홈

구글은 2014년 네스트 랩스를 32억 달러(약 3조 7천억 원)에 인수했습니다. 네스트 랩스는 학습형 온도조절 기기, 네스트 러닝 서모스탯Nest Learning Thermostat과 연기 경보기, 네스트 프로텍트Nest Protect를 개발했습니다. 점점 성장하는 스마트 홈Smart Home 분야에서 가장 앞서 나가고 있는 기업이지요.

학습형 온도조절 기기는 단순하게 스마트폰으로 외부에서 집 안 온도를 조절하는 것이 아니라 학습을 통해 사용자가 언제 온도를 높이고 낮추는지 파악해 시간이나 계절에 따라 집 안 온도를 조정합니다. 이러한 정보는 사용자가 머무르는 다른 공간에도 그대로 적용할 수 있어요. 온도조절 기기는 집이 비어 있을 때는 에너지 절약 모드를 실행합니다. 또 러시아워 리워드Rush Hour Rewards 프로그램에 가입하면 한여름에 갑자기 전력 사용량이 늘어날 때 실내 온도를 자동으로 높여 절약한 비용을 돌려받을 수 있어요.

더운 여름날 전기요금이 많이 나올까 봐 에어컨을 맘껏 틀지 못할 때도 요금이 크게 오르는 누진세 구간을 피해 온도를 조절할 수 있지요. 전기회사에서도 스마트 홈 기기를 통해 각 가정의 전기 사용량을

구글이 인수한 네스트 랩스는 학습형 온도조절 기기인 네스트 서모스탯으로 스마트 홈 서비스를 제공하고 있어요.

파악하면 발전소를 건설하거나 요금 기준을 정할 때 도움을 받을 수 있습니다. 전기는 전선을 통해 흐르는 거리가 멀수록 손실이 많아지기 때문에 전기 사용량이 많은 지역에서 가까운 곳에 발전소를 짓는 것이 좋거든요. 실제로 가정에 스마트 홈을 설치하면 전기회사에서 지원금을 주는데, 전기회사는 스마트 홈에서 얻는 정보로 인한 이득이 더 크다고 합니다.

스마트 홈은 온도조절 기기 외에도 자동차나 가전제품과 연동해 여러 서비스를 제공할 수 있어요. 자동차의 이동 경로를 예측해 집 안의 온도를 미리 올려놓거나 집이 비는 시간에 세탁기를 돌리는 것이죠. 애플에서도 음성인식 서비스 시리^{Siri}와 연동해 집 안의 전등을 켜고 끄는 것에서부터 보안 장치까지 관리할 수 있는 홈킷^{HomeKit}을 내

놓았습니다. 중국의 전자제품 제조회사 샤오미도 기존에 출시한 선풍기, 공기청정기, 스탠드 등 다양한 제품을 연동해 원격으로 조종할 수 있는 홈키트를 판매하고 있고요.

국내 스마트 홈 시장은 2015년 그 규모가 10조 원을 넘었고, 2019년에는 19조 원을 돌파할 것으로 예상돼요. 삼성전자, 엘지전자, 에스케이 등 다양한 회사에서 가전제품이나 통신기기와 연동해 IoT 서비스나 스마트 홈 서비스를 출시하고 있습니다.

급할 때 휴지가 똑 떨어져 당황한 적 있나요? 버튼만 누르면 자동으로 휴지를 배송해 주는 서비스가 있다면 얼마나 좋을까요. 아마존 대시Amazon Dash가 바로 이런 서비스인데요. 세탁기 위에 세제 버튼, 욕실에 휴지 버튼 등을 설치해 필요할 때 바로 주문할 수 있습니다. 아마존 대시는 굉장히 편리하지만 선택할 수 있는 물건의 종류가 제한돼 있고 물건 가격 역시 낮은 편이 아니라 소비자들이 불만이 많았어요. 현재는 모바일앱이나 아마존 홈페이지를 통해서도 물건을 주문할 수 있습니다. 아마도 사용자의 주문 패턴과 원하는 브랜드를 파악하는 최적화 알고리즘을 활용하고, 참여 브랜드가 많아진다면 대단히 편리해질 거예요. 국내에서도 에스케이에서 운영하는 11번가에서 아마존 대시 버튼과 비슷한 스마트 버튼 '꾹'을 서비스하고 있어요.

내 몸에 차고 다니는 스마트 기기

몸에 착용할 수 있는 다양한 스마트 기기들도 개발되고 있습니다. 스

세제를 주문하는 아마존 대시. 아마존 대시는 버튼만 누르면 원하는 제품을 자동으로 배달해 주는 서비스예요.

마트 시계나 스마트 밴드가 대표적인데요. 웨어러블 기기Wearable Device 라고도 부릅니다. 애플워치Apple Watch나 기어Gear S2, S3 시리즈, 미밴드Mi Band 등이 있지요.

스마트 시계는 각종 SNS 메시지나 전화 등을 알려 주는 알람으로 쓸 수 있습니다. 메시지를 확인하거나 간단한 답장이 가능하고 교통카드로 쓸 수도 있지만 약 30만 원대의 가격에 비해 기능이 크게 다양하지는 않아요. 더구나 충전도 자주 해야 해서 인텔, 마이크로소프트 등 일부 회사들은 웨어러블 기기 사업 규모를 줄이거나 포기하고 있지요. 스마트 밴드는 저렴한 가격대의 제품이 많이 나와 있어요. 대단한 기능을 가지고 있는 것은 아니지만 하루에 얼마나 걷는지, 운동할 때 소모하는 칼로리가 얼마인지 재거나 수면시간을 측정할 수 있습니다. 이러한 데이터는 앞으로 건강관리 사업에서 중요하게 쓰일 거예요.

구글 글래스는 안경처럼 생긴 스마트 안경이에요. 렌즈 윗부분에 달린 장치를 이용해 각종 위치 정보나 운동 정보 등을 제공하고 간단한 카메라 촬영도 할 수 있지요. 다만 디자인이 부담스럽고 배터리도 자주 충전해야 해서 현재는 사용자가 많지 않아요. 허락받지 않고 남

삼성 기어 S3. 디자인은 일반 시계와 크게 다르지 않지만 전화나 메시지를 주고받거나 디지털 결제를 하는 데 쓸 수 있어요.

의 사진을 찍기도 쉬워 사생활을 침범할 수 있다는 우려도 많았지요. 하지만 이러한 웨어러블 장치에 쓰이는 다양한 센서를 활용해 스마트 셔츠, 스마트 신발 등을 개발할 수 있기 때문에 웨어러블 기기 산업은 많은 가능성을 갖고 있습니다.

실제로 웨어러블 카메라인 고프로GoPro는 작은 크기와 방수 기능, 충격에 강한 특징을 이용해 액션캠이라는 새로운 장르를 만들었습니다. 번지점프 같은 익스트림 스포츠에서 선수 헬멧에 장착해 1인칭 시점으로 경기를 촬영하거나 각종 방송에서 다양하게 활용되고 있어요. 텔레비전 프로그램 〈런닝맨〉에도 고프로로 촬영된 영상이 자주 등장합니다.

웨어러블 카메라 고프로. 작은 크기와 방수 기능, 충격에 강한 특징을 이용해 액션캠이라는 새로운 장르를 만들었습니다. 익스트림 스포츠에서 선수 헬멧에 장착하면 1인칭 시점으로 경기를 촬영할 수 있지요.

사물과 사물은
어떻게 정보를 주고받을까

평일 아침, 알람 소리에 미래는 잠에서 깹니다. 화장실에서 양치를 하고 있으니 오늘 해야 할 일이 스피커에서 흘러나와요. 씻고 난 후 증강현실 거울에 뜬 자기 모습에 여러 옷을 대 보며 오늘 입을 옷을 골랐습니다. 현관문을 나서려고 하는데 우산에서 빛이 나네요. 아차, 오늘 비가 온다고 했는데 우산을 깜빡할 뻔했네요.

센싱 기술의 발달

사물인터넷은 사물과 사물끼리 정보를 주고받는 머신 투 머신 M2M, Machine to Machine 보다 더 확장된 개념이에요. M2M이 단순하게 정보를 주고받는다면 사물인터넷은 조금 더 능동적으로 그 정보를 활용하는 활동을 의미합니다. 예를 들어 M2M이 무선통신으로 음악을 전송하는 기술이라고 하면 사물인터넷은 상황에 맞는 곡을 선곡해 적절한 음량으로 들려주는 기술이지요.

스마트폰은 우리 삶을 많이 바꾸어 놓았습니다. 이제 스마트폰 없는 생활은 거의 상상할 수 없을 정도인데요. 사물인터넷 역시 스마트폰과 연동해 사용하는 경우가 많아요. 앞서 보았던 스마트 홈, 스마트 시계, 스마트 밴드 등이 대표적이지요. 스마트폰으로 보일러를 작동하기도 하고, 스마트 시계나 스마트 밴드로 스마트폰의 음량을 조절하거나 전화를 받을 수도 있어요. 자동차 산업에서도 스마트폰을 열쇠로 활용하는 등 스마트폰은 사물인터넷 환경에서 각종 정보를 수신하고 제어하는 도구로 쓰이며 매개체(허브)와 같은 역할을 합니다.

센서는 사물인터넷을 구성하는 중요한 요소 가운데 하나입니다. 센서를 통해 필요한 정보를 추출하는 일을 센싱 Sensing 기술이라고 하는데요. 스마트 밴드는 만보계, 맥박 센서, GPS를 사용해서 정보를 얻고, 스마트 홈 기기는 온도 센서, 동작인지 센서 등을 통해서 정보를 얻습니다. 이렇게 다양한 센서가 없다면 사물인터넷은 상상도 할 수 없어요.

예전에 비해 센서들의 크기가 많이 작아지고 성능도 좋아졌습니

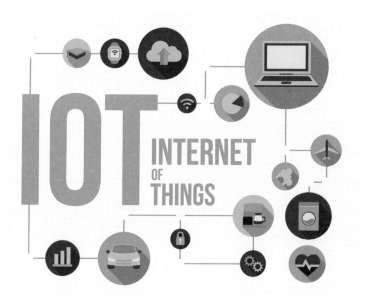

사물인터넷은 사물과 사물이 주고받는 정보를 효율적으로 활용해 생활을 편리하게 해 주는 기술입니다.

다. 또 센서를 사용하는 곳이 늘어나면서 회사마다 비슷한 방식으로 센서를 제작하는 표준화가 이뤄져 대량생산도 할 수 있게 되었어요. 가속도 센서, 지문인식 센서 등의 가격도 크게 떨어졌습니다. 이러한 센서의 소형화 및 가격 하락으로 완제품의 크기 역시 작아지고 가격도 낮아졌지요.

IPv6와 와이파이

컴퓨터에도 각기 다른 주소가 있습니다. 바로 IP 주소Internet Protocol Address라는 것인데요. 네트워크에서 장치들이 서로를 구별하고 통신하는 데 쓰여요. 네트워크 프로토콜(통신규약) 표준은 네트워크에서 어떤 식으로 데이터를 전송할지 정한 규칙입니다. 우리가 누군가를 만나서 대화를 나눌 때 "안녕" 또는 "잘 지냈니"와 같은 인사를 나누는 것처럼 컴퓨터끼리 통신하려면 규칙을 지켜야 해요. 대표적인 네트워크 프로토콜로 TCP/IP Transmission Control Protocol/Internet Protocol와 인터넷 주소 앞에 들어가는 HTTP Hyper Text Transfer Protocol가 있습니다. 현재 우리가 쓰는 대부분의 IP는 IPv4입니다. 네 번째로 정해진 인터넷 프로토콜이며 도트(.)로 분리된 총 12자리의 숫자를 쓰지요. 예를 들면 192.106.100.100 이렇게요. 각 자리에 0에서 255까지 입력할 수 있습니다.

이렇게 만들 수 있는 주소는 4,294,967,296개(약 43억 개)인데, 대부분의 주소가 쓰여서 2011년 이후 새로 할당하지 않고 있어요. 하지

✓	▟	인터넷 프로토콜 버전 4(TCP/IPv4)
	▟	Microsoft 네트워크 어댑터 멀티플렉서 프로토콜
✓	▟	Microsoft LLDP 프로토콜 드라이버
✓	▟	인터넷 프로토콜 버전 6(TCP/IPv6)

윈도우 네트워크 연결 속성에서 IPv6 설정을 볼 수 있습니다.

만 1인당 사용하는 IT 기기들이 늘어나고 있고, 각 기기들의 통신을 위해서는 새 IP 주소가 필요합니다. 그래서 IPv6를 사용하기 시작했는데요. 이 방식은 도트(.)로 분리된 총 32자리의 숫자를 씁니다. 또 각 자리는 16진수를 사용하므로 더 많은 주소를 만들 수 있어요. 예를 들면 2001:0db8:85a3:08d3:0000:8a2a:0370:7334와 같이 표시하지요. 약 3.4×10^{38}개의 주소를 만들 수 있어 사물인터넷 기기를 충분히 다룰 수 있는 양입니다.

매달 사용할 수 있는 데이터 용량이 정해져 있다면 와이파이Wi-Fi,Wireless Fidelity가 연결되는 곳에 가야 편하게 스마트폰을 쓸 수 있을 텐데요. 와이파이는 무엇일까요? 이를 알기 위해선 우선 무선신호인 RFRadio Frequency 신호를 알아야 합니다. RF 신호는 전자기파의 한 종류로 파동을 성질로 갖습니다.

파장Wavelength은 파동 한 번의 주기가 가지는 길이입니다. 흔히 마루에서 마루 또는 골에서 골까지로 봅니다. 진동수Frequency는 단위시간당 같은 모양의 파동이 몇 번 진동하는지 측정한 것이에요. 파장이

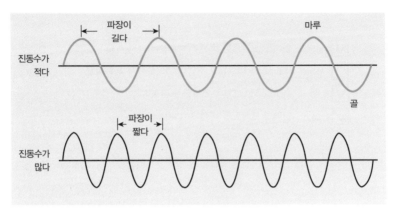

파장이 길어질수록 진동수는 감소하고 파장이 짧을수록 진동수는 증가합니다.

길어질수록 진동수는 감소하고 파장이 짧을수록 진동수는 증가합니다. 진동수는 그 단위로 헤르츠ʰᶻ를 쓰는데 이는 1초 동안의 진동 횟수를 뜻합니다. 만약 주파수가 100헤르츠라고 하면 1초 동안 파장이 100번 진동한 것이죠. 주파수가 커질수록 선의 간격이 빽빽해집니다. 무선공유기 전파로 많이 쓰고 있는 2.5기가헤르츠ᴳᴴᶻ는 진동수가 엄청나게 많은 것이죠.

우리가 쓰는 무선장치들은 눈에 보이지는 않지만 전부 RF 신호를 주고받고 있습니다. 그중 가장 대표적인 것이 와이파이예요. 와이파이는 전기전자기술자협회IEEE, Institute of Electrical and Electronics Engineers에서 개발한 IEEE 802.11 표준에 따른 모든 무선 근거리 통신망WLAN, Wireless Local Area Network 제품을 말합니다. 802.11 뒤에 붙은 문자에 따라 약간씩 성능에 차이가 있으며, 주로 2.4기가헤르츠나 5기가헤르츠 대역을 사용해요.

와이파이는 중앙 허브AP, Access Point를 이용하는데, 공유기가 중앙 허브의 역할을 한다고 생각하면 됩니다. 현재 많은 사물인터넷 기기들이 와이파이를 통해 서로 연결돼 자료를 주고받고 있어요. 물론 AP 없이 통신할 수 있는 와이파이 다이렉트Wi-Fi Direct 기술도 있습니다. 와이파이 다이렉트는 M2M 기술에 속한다고 볼 수 있지요. 주로 교환하는 데이터가 많은 고음질 무선 스피커나 멀리 떨어진 곳에 있는 카메라를 휴대폰으로 작동할 때 많이 사용합니다.

블루투스Bluetooth는 기기 간 무선통신을 가능하게 해 주는 기술로 2.4기가헤르츠의 전파를 사용하며 RF 신호 전송을 통해 작동됩니다. 와이파이와 다르게 기기들끼리 직접 연결할 수 있어요. M2M 형태인 것이죠. 블루투스는 와이파이보다 전력 사용량이 적기 때문에 사물인터넷 센서 기기에 활용하기에 좋으며 실제로 많은 센서들이 블루투스를 쓰고 있어요. 스마트 밴드나 시계의 경우 대부분 블루투스를 사용합니다. 대략 10미터 범위에서 작동하며, 버전이 올라갈수록 전력 사용량이 적어요. 다만 블루투스는 데이터 전송량이 작은 편이기 때문에 용량이 큰 정보를 처리하기에는 적합하지 않습니다.

사물인터넷이 발달하려면 배터리 기술도 꼭 필요합니다. 최근 배터리 기술은 별다른 발전 없이 제자리에 머물러 있는데요. 그래서 대부분의 스마트폰은 매일 충전을 해야 하죠. 우리가 사용하는 모바일 기기에는 중앙처리장치로 전력 소모가 적은 ARM CPU가 들어갑니다. 항상 전력이 공급되는 컴퓨터에서 사용하는 x86 CPU와는 달리 모바일 기기에 맞게 전력을 적게 쓰며 성능을 높이는 기능에 초점이 맞춰

져 있습니다. 아이폰에 들어가는 CPU도, 삼성이나 엘지, 화웨이 스마트폰에 들어가는 CPU도 ARM사의 설계를 기반으로 만든 CPU예요.

사물인터넷 기기도 일종의 작은 컴퓨터이기 때문에 이러한 저전력 CPU나 블루투스 같은 저전력 통신 기술을 사용해야 합니다. 만약 사물인터넷 기기에 쓰이는 부품이 전력을 많이 사용해 자주 충전해야 한다면 무척 불편할 거예요.

사물인터넷을 안전하고
편리하게 사용하려면

세면대에 감당할 수 없는 양의 물을 한꺼번에 부으면 어떻게 될까요? 디도스DDoS, Distributed Denial of Service는 적게는 수십 대에서 많게는 수백만 대의 PC를 특정 웹사이트에 짧은 시간 동안 동시 접속시켜 사이트를 마비시키는 해킹(크래킹)이에요. 분산 서비스 거부라고도 하지요. 디도스 공격에는 바이러스에 감염된 일명 좀비 PC가 사용되는데요. 좀비 PC는 바이러스에 감염된 좀비처럼 명령자의 행동에 따라 작동합니다.

이러한 좀비 PC는 주로 출처를 알 수 없는 파일이나 각종 인터넷 사이트를 통해 악성코드에 감염됩니다. 공격자(크래커)가 공격 명령을 내리거나 특정 날짜가 되면 좀비 PC로 변신하지요. 이렇게 좀비 디바이스로 구성된 네트워크를 봇넷Botnet이라고 해요. 이러한 네트워크 해킹은 주로 은행이나 포털 사이트, 정부기관 사이트를 마비시켜 피해를 입히고 있습니다.

디도스 공격과 개인정보 유출

2016년 10월 미국에서는 사물인터넷을 이용해 봇넷을 구축한 최초의 대규모 디도스 공격이 일어났습니다. 아마존, 트위터, 넷플릭스 등의 주요 웹사이트가 접속 장애를 겪었고, 미국 대륙 절반인 동부 지역의 인터넷 서비스가 먹통이 되었어요. 이때 해당 공격의 최대 트래픽은 초당 약 600기가바이트가 넘었는데 단일 네트워크 공격으로는 가장 큰 규모였습니다.

이는 보안 시스템이 취약한 사물인터넷 기기를 활용한 공격이었는데요. CCTV나 컴퓨터에 다는 카메라 웹캠의 제품 비밀번호를 이용했습니다. 보통 같은 시기에 출시되는 제품들은 비슷한 형식으로 돼 있거나 똑같은 비밀번호를 갖고 있는데 사용자들이 이를 다른 비밀번호로 바꾸지 않고 그대로 이용하는 점을 노린 것이지요. 해당 기기들이 인터넷에 접속돼 있을 때 좀비 PC를 만들어 봇넷을 구축하고 디도스 공격을 한 것입니다. 특히 사용자들이 좀처럼 제품 업데이트를 하지 않기 때문에 사물인터넷 기기들은 보안에 취약합니다.

중국에서 러시아로 수출된 일부 다리미에 와이파이망을 해킹하는 칩이 내장된 경우도 있었습니다. 우리나라에서도 제품 초기 비밀번호가 같은 점을 이용해 공유기를 해킹한 사례가 있어요. 무선공유기로 인터넷에 접속한 사용자들에게 브라우저 최신 업데이트 또는 금융감독원 팝업창 등으로 위장해 실제 사이트가 아닌 가짜 사이트로 접속을 유도해 개인정보를 빼냈답니다.

사물인터넷 기기들은 네트워크 통신을 사용하기 때문에 컴퓨터와 마찬가지로 바이러스에 걸리거나 악성코드에 공격당할 수 있습니다. 실제로 스마트 냉장고를 통해 스팸 메일이 전달되기도 했는데요. 만약 해커가 스마트 홈에서 정보를 빼내 집을 비우는 시간을 정확하게 알 수 있다면 어떻게 될까요? 또 집 안에 설치된 온도 조절기를 조정해 온도를 비정상적으로 조정할 수 있다면요. 자율주행 자동차를 해킹하면 마음대로 운전할 수도 있을 거예요.

사물인터넷은 우리 생활과 밀접하게 관련이 있는 만큼 철저하게 대비책을 마련해야 합니다. 평소에 각종 인터넷 기기들의 업데이트 정보를 확인하고 최신 버전으로 사용하는 습관을 들여야 해요. 사물인터넷 기기가 주고받는 데이터에서 개인정보를 삭제하거나 지문인식이나 홍채인식 같은 생체인식 기술이 정보 보안을 강화할 수 있는 방법으로 주목받고 있습니다.

회사마다 다른 사물인터넷 운영체제

와이파이나 블루투스는 전 세계에서 통일된 규격을 쓰고 있어서 어느 제품을 쓰더라도 연결이 가능합니다. 하지만 사물인터넷은 여러 회사들이 각각의 운영체제를 통해 생태계를 구축하고 있습니다. 구글은 안드로이드Android, 애플은 아이오에스iOS, 삼성은 타이젠TIZEN, 엘지는 웹오에스WebOS 등을 기반으로 하지요. 각 회사들은 각자의 운영체제를 중심으로 생태계를 만들고자 하기 때문에 다른 운영체제와는 호환이 되지 않는 경우가 많습니다.

가정에서 전자제품을 구매할 때 한 회사의 제품만 사는 경우는 거의 없어요. 대부분 가격을 비교하거나 그때그때 필요한 기능에 따라 다양한 회사의 제품을 구매하지요. 만약 이러한 제품들이 서로 호환되지 않는다면 소비자들은 꽤 불편할 거예요. 물론 다양한 운영체제가 있다가 아이오에스와 안드로이드만 살아남은 모바일 시장처럼 특정 운영체제가 시장을 지배하게 될 수도 있겠지요.

삼성전자의 대표적인 휴대폰 제품인 갤럭시 시리즈의 경우에도 운영체제는 구글의 안드로이드를 사용하고 있습니다. 삼성은 독자적인 운영체제 타이젠을 갖고 있고, 이를 내장한 휴대폰도 국내나 인도 시장에서 출시했지만, 판매량이 많지 않아요. 다만 스마트 시계나 사물인터넷 기반 가전제품에 타이젠을 내장해 보급하려고 노력하고 있습니다. 앞으로 사물인터넷 시장에서는 어떤 운영체제가 살아남을까요?

9 증강현실과 가상현실

안경을 쓰면
새로운 세상이
펼쳐져요!

현실과 가상을 오가는
새로운 세계

미래는 요즘 퀴버Quiver라는 앱을 자주 가지고 놉니다. 앱에서 제공하는 그림을 인쇄해 캐릭터나 배경에 색을 칠하면 스마트폰이나 태블릿 화면에 색칠한 모습대로 캐릭터가 나타나요. 인쇄한 토끼 그림을 누를 때마다 스마트폰 속 토끼가 춤을 추지요. 직접 색칠한 토끼를 캐릭터로 삼아 당근으로 목표물 맞히기 같은 게임도 할 수 있어요. 토끼와 함께 사진도 찍을 수 있고요. 미래는 평소 게임을 즐겨 하는 친구에게 퀴버를 가상현실 앱이라고 소개했어요. 그런데 이야기를 듣던 친구가 그건 가상현실이 아니라 증강현실이라고 하는 거예요. 증강현실은 무엇이고 가상현실은 무엇일까요?

증강현실과 가상현실의 역사

1994년 토론토대학교의 폴 밀그램Paul Milgram과 후미오 키시노Fumio Kishino는 혼합현실MR, Mixed Reality이라는 용어를 178쪽 표와 같이 정의했습니다. 현실환경RE, Real Environment은 우리가 현재 직접 보고 느끼는 세계이고, 가상환경VE, Virtual Environment은 현실에 존재하지 않거나 사용자의 현재 위치에 없는 것을 디스플레이를 이용해 경험하는 세계입니다. 증강현실은 현재 보고 있는 환경에 가상의 사물을 더하는 것이지요. 증강가상AV, Augmented Virtuality은 가상 세계에 현실의 이미지를 더해

바탕이 되는 것이 현실일 경우 증강현실, 가상일 경우 증강가상이며 이를 둘러싼 현실과 가상을 넓게 포괄하는 개념이 혼합현실입니다.

실시간으로 상호작용을 하는 기술입니다.

다시 말해 바탕이 되는 것이 현실일 경우 증강현실, 가상일 경우 증강가상이며 이를 둘러싼 현실과 가상을 넓게 포괄하는 개념이 혼합현실입니다. 일반적으로 많이 사용하는 가상현실과 증강현실을 비교하면 가상현실VR, Virtual Reality은 현실과 다른 별개의 세상을, 증강현실은 현실에 가상의 객체가 들어온 세상을 구현한 것이에요.

증강현실: 현실에 펼쳐진 가상 세계

증강현실이란 사용자의 눈에 보이는 현실을 배경으로 컴퓨터가 재현하는 가상의 객체(그래픽)를 함께 체험할 수 있는 기술입니다. 증강현실의 역사는 1960년대 이반 에드워드 서덜랜드Ivan Edward Sutherland가 만든 헤드 마운티드 디스플레이HMD, Head Mounted Display에서부터 시작되었습니다. 전투기 조종사가 사용하는 헬맷처럼 눈앞에 설치된 렌즈에 다양한 정보를 표시할 수 있었지요. 증강현실이라는 용어를 처음 사용한 것은 1990년 보잉사에서 연구원으로 근무하던 톰 코델Tom Caudell이에요. 그는 항공기 내부 설계를 전선을 연결하는 작업자들에게 보여 주기 위해 실제 영상과 가상의 이미지를 동시에 사용했지요.

인텔의 연구원인 로널드 아즈마Ronald Azuma는 다음과 같이 증강현실을 정의했습니다. 첫째, 현실의 이미지와 가상의 이미지를 결합한다. 둘째, 가상 정보가 현실 공간에 위치하고 서로 밀접하게 연결되어 작동한다. 셋째, 사용자가 정보를 일방적으로 관찰하는 것이 아니라 실시간으로 상호작용이 가능하다.

여러분이 많이 쓰는 셀카 앱, 스노우Snow도 이러한 증강현실을 이용한 서비스입니다. 현실의 이미지인 얼굴에 가상의 이미지인 각종 캐릭터나 과장된 눈 같은 요소를 밀접하게 섞은 것이죠. 또 사진을 찍을 때 얼굴을 움직여도 카메라가 눈, 코, 입 등을 얼굴로 자동으로 인식하고 따라오는 상호작용이 가능합니다.

지폐나 잡지의 마커(증강현실을 띄우는 표시)를 이용해 증강현실을 구현하는 서커스Circus AR 같은 앱도 있어요. 이 앱을 이용하면 지폐에 있는 사물이나 인물들의 새로운 모습을 볼 수 있습니다. 만 원짜리 지폐에 있는 세종대왕이 장난을 치기도 하지요. 손수 조립할 수 있는 가구로 유명한 이케아는 방에 가구를 미리 배치해 보고 제품을 구매할 수 있는 앱을 제공합니다. 이처럼 증강현실은 이미 우리 생활 속에 들어와 있어요.

증강현실은 가상현실에 비해 구현하기가 어려운 편입니다. 현실 세계를 기반으로 가상의 이미지와 현실의 이미지가 상호작용을 해야 하므로 처리해야 하는 데이터 양이 많기 때문이지요. 셀카 앱 스노우도 얼굴인식 기술이 필요하고, 증강현실 게임 포켓몬고Pokémon GO도 사

헤드업 디스플레이를 사용해 자동차 유리 화면에 속도와 같은 정보를 표시합니다.

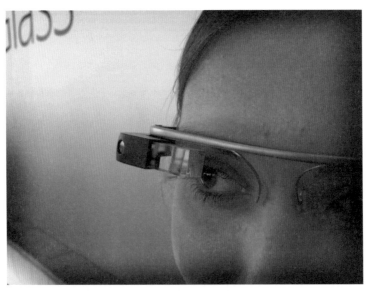

구글 글래스는 안경 디스플레이에 시간, 메시지, 목적지까지의 거리 등 각종 정보가 뜨며 카메라를 이용해 사진을 찍을 수도 있어요.

용자와 주변 포켓몬들의 위치 정보가 필요해요.

헤드업 디스플레이HUD, Head-Up Display는 비교적 우리에게 익숙한 증강현실 기술이에요. 실제 전투기에도 조종사가 필요한 정보를 고개를 숙이지 않고 볼 수 있게 HUD를 사용합니다. 게임 화면에 뜨는 캐릭터의 무기 정보, 에너지 정보 등도 일종의 HUD입니다. 요즘에는 HUD를 사용해 자동차 유리 화면에 여러 가지 정보를 표시하고 있어요.

구글에서 2013년에 출시한 구글 글래스Google Glass는 HUD를 사용한 증강현실 기기입니다. 안경 다리 부분을 터치해 조작할 수 있는데, 안경 디스플레이에 시간, 메시지, 목적지까지의 거리 등 각종 정보가 뜨지요. 음성으로 명령해 사진을 찍거나 메시지를 보낼 수 있는 혁신적인 제품이지만 1,500달러(약 180만 원) 정도로 꽤 비쌌어요. 디자인도 평소에 하고 다니기에는 부담스럽다는 평가가 많았고요. 자주 사용할 경우 배터리가 세 시간밖에 가지 못하고, 안경에 달린 카메라로 동의 없이 촬영할 경우 사생활을 침해할 수도 있어 결국 구글 글래스는 일반 소비자용 판매를 중단했습니다.

앞으로 사용자 편의성을 높인다면 구글 글래스는 매력적인 증강현실 기기로 쓰일 거예요. 실제로 구글 글래스는 기업용 제품을 개발하고 있습니다. 또 구글 글래스와 비슷한 기능을 갖춘 리콘젯Recon Jet과 같은 스포츠 안경도 출시되고 있습니다.

홀로렌즈Hololens는 마이크로소프트에서 2015년에 공개했는데, 증강현실 장치 가운데 크게 주목받고 있습니다. SF 영화에서처럼 서로 떨어진 장소에서 홀로그램을 띄워 대화를 나누는 서비스 시연 영상은

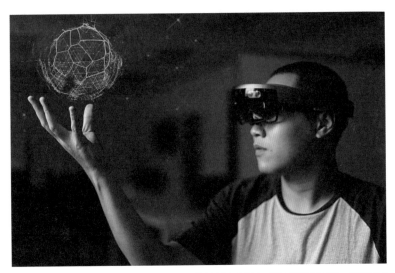

마이크로소프트에서 개발한 홀로렌즈는 증강현실 분야에서 가장 주목받고 있는 제품입니다. 다른 공간에 있는 아이를 불러서 같이 놀이를 하거나, 자신을 복사해서 하이파이브를 하는 등 엄청난 영상을 볼 수 있어요.

미래의 모습을 거의 구현하는 것 같았지요. 마이크로소프트는 홀로렌즈를 이용해 게임 〈마인크래프트Minecraft〉를 새로운 방식으로 구현할 계획입니다. 마인크래프트는 네모난 블록으로 만들어진 세계에서 몬스터를 피해 집을 만들거나 농사를 짓고 레고를 만드는 것처럼 다양한 지형이나 건축물을 지을 수 있는 게임이에요.

　한 전시회에서 그 공간에 마인크래프트에서 만들어진 지형을 불러 직접 플레이 하는 영상은 매우 인상적이었습니다. 컴퓨터나 스마트폰의 공간뿐 아니라 우리가 있는 현실도 마인크래프트의 배경이 될 수 있어요. 홀로렌즈는 실제 사물의 위치를 정확하게 파악할 수 있습니다. 홀로렌즈를 이용해 사람의 몸에 가상의 레이저총과 같은 물건을 띄울 수도 있지요. 인터넷에 관련 영상을 검색하면 다른 공간에 있는 아이를 불러서 같이 놀이를 하거나, 자신을 복사해서 하이파이브를 하는 등 엄청난 영상을 볼 수 있습니다.

가상현실: 현실과 가상의 경계를 허물다

가상현실은 현실과 비슷하게 만들어진 상황이나 기술 자체를 뜻합니다. 단순하게 프로그램이 짜여진 대로 체험할 수 있는 시뮬레이션과 다르게 가상현실에서 사용자는 가상의 세계와 원하는 대로 상호작용을 할 수 있어요. 헤드 마운티드 디스플레이HMD를 통해서만 가상현실을 볼 수 있다고 생각하기 쉽지만 〈세컨드 라이프Second Life〉처럼 어떠한 미션이나 목적 없이 사회생활을 하는 게임도 가상현실을 경험해 볼 수 있습니다.

가상현실은 HMD 장치의 발달과 역사를 같이해 왔습니다. 1957년 사진작가이자 영화 촬영기사였던 모턴 하일리그Morton Heilig가 제출한 특허 문서에 나온 HMD 기기는 지금 사용하는 VR 장치들과 비슷하게 생겼어요. 3차원 이미지, 입체 음향, 냄새 등을 이용해 신경체계를 자극하기 위한 장치였지요. 모턴 하일리그는 센소라마Sensorama라는 입체 영상 장치를 개발해 1962년부터는 상업적으로 운영했습니다. 3차원 이미지와 입체 음향으로 마치 뉴욕 거리를 오토바이를 타고 달리는 것 같은 경험을 재현하는 장치였지요. 하지만 사진에 보이는 것처럼 머리의 움직임에 따라 화면이 회전하는 헤드 트래킹Head Tracking이

1962년에 개발된 센소라마는 3차원 이미지와 입체 음향으로 마치 뉴욕 거리를 오토바이를 타고 달리는 것 같은 경험을 재현한 장치입니다.

불가능해 시야를 고정한 상태에서 관람해야 했답니다.

1968년 미국의 컴퓨터 과학자 이반 서덜랜드는 하버드대학교에서 부교수로 재직하며 제자 밥 스프로울Bob Sproull과 함께 크기를 줄이고 헤드 트래킹 기능도 갖춘 HMD를 개발했습니다. 이 장치는 오늘날 HMD의 기본적인 형태로 볼 수 있지만 무게를 이겨 내기 위해 기기를 천장에 고정시켜야 했습니다. 1990년대 초에 닌텐도사에서 버추얼 보이Virtual Boy를 출시하기도 했지만 그래픽 표현 기술이 떨어지고 데이터 처리 속도도 느려 널리 쓰이지 못했어요.

현재 가상현실 장치 분야에서 가장 앞서가는 회사는 오큘러스입니다. 페이스북에서 2014년에 23억 달러(약 2조 5천억 원)에 인수했어요. 게임계의 전설적인 개발자 중 한 명인 존 카멕John D.Carmack II도 개발에 참여하고 있습니다.

가상현실 장치는 각 회사마다 추구하는 방향이 약간씩 다른데요. 주로 게임 관련 업계에서 산업을 주도하고 있습니다. 오큘러스의 오큘러스 리프트^{Oculus Rift}의 경우 PC를 기반으로 하는 장치입니다. 삼성전자에서 나오는 기어 VR^{Gear VR}은 오큘러스와 공동으로 제작한 제품인데, 삼성전자의 휴대폰을 기반으로 합니다.

미국의 밸브사와 타이완의 에이치티시사가 공동으로 만든 바이브^{Vive}는 밸브에서 운영하는 게임 다운로드 제공 서비스인 STEAM을 기반으로 컴퓨터에서 작동하며, 소니에서 만든 플레이스테이션 VR^{PlayStaion VR}은 이름처럼 자사의 게임기인 플레이스테이션을 기반으로 작동합니다. 각각의 장치들은 화면을 표현하는 방식이나 프로그램을 구현하는 방법이 비슷하지만 가상현실과 사용자가 상호작용을 하는 조작 방식이 조금씩 달라요. 공통적으로 가상현실을 경험할 때 HMD가 시야를 가리기 때문에 이를 개선하기 위한 방법을 고민하고 있습니다.

가장 널리 알려진 가상현실 장치는 구글의 카드보드^{Cardboard}예요. 오큘러스 리프트의 원리를 간단하게 구현한 것으로 가상현실을 경험하기에 좋습니다. 현재 두 번째 버전까지 나왔는데 설계도가 공개되어 있어 누구나 골판지로 만들 수 있어요. 오큘러스 리프트와 비슷하게 작동하는 것처럼 보이지만 가격이 비싼 장치들과 달리 원활한 상호작용을 위한 자이로스코프 센서 같은 것이 없습니다. 고성능 VR 장치는 헤드 트래킹에 필요한 정보를 자체 센서로 인식해 정확도가 더 높지

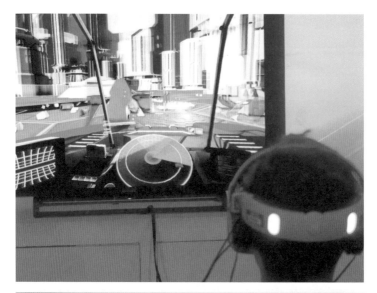

플레이스테이션 VR(위)과 바이브(아래).
가상현실 장치는 각 회사마다 추구하는 방향이 약간씩 다른데요. 주로 게임 관련업
계에서 산업을 주도하고 있습니다.

구글 카드보드. 골판지로 만들어 가격이 저렴합니다. 부담 없이 가상현실을 경험해 보기에 좋고, 설계도가 인터넷에 공개돼 있어 누구나 만들 수 있어요.

요. 2016년 구글은 데이드림Daydream이라는 새로운 가상현실 장치를 출시했습니다. 골판지 대신 천을 사용하고 별도의 컨트롤러를 장착했습니다.

가상현실 기술은 그동안 군사훈련이나 비행 시뮬레이션, 운전 시뮬레이션에 주로 사용되어 왔는데요. 이러한 시뮬레이션을 통해 훈련 비용과 시간을 절약할 수 있었습니다. 미국에서는 단순한 개인 훈련뿐 아니라 대규모 훈련도 가능한 가상현실 돔 시설을 구축했지요. 국내에서도 최근에 자체 훈련 프로그램을 개발했다고 합니다.

가상현실 장치를 이용해 콘서트 영상을 제공하는 사업도 커지고 있습니다. 장치 내부에 들어 있는 센서를 이용해 원하는 각도로 가수의 모습을 볼 수 있다는 점이 큰 매력이지요. 직접 가기 어려운 여행지나 도시에서 멀리 떨어진 오지를 체험할 수 있는 가상현실 기술도 주목받고 있습니다. 한 번에 모든 방향을 촬영할 수 있는 360도 카메라의 가격이 많이 낮아지면서 점점 관련 사업이 확장되고 있어요.

〈뉴욕타임스〉는 2014년 11월 독자들에게 구글의 카드보드를 나누

기어 360과 기어 VR. 한 번에 전 방향을 모두 촬영할 수 있는 360도 카메라의 가격이 많이 낮아지면서 유튜브에 관련 영상이 많이 올라오고 있어요.

어 주었습니다. 종이신문은 인터넷의 발달과 스마트폰의 보급으로 독자가 빠른 속도로 줄어들고 있어요. 이러한 위기를 극복하기 위해 가상현실로 기사를 제공하는 서비스를 시도한 것이지요. 가상현실 장치가 지금은 주로 시각, 청각에 초점을 맞추고 있지만 앞으로 기술이 발달하면 촉각, 후각도 재현할 수 있을 거예요. 가상현실이 일반화된 미래 사회가 배경인 소설 《레디 플레이어 원》에는 특정 기업이 가상현실 장치를 독점해 가상현실로 먼 거리를 이동하려면 많은 비용을 치러야 하는 사회가 등장합니다. 가상현실에 익숙해진 우리 사회는 앞으로 어떻게 변화할까요?

증강현실과 가상현실은
어떻게 작동할까

지난겨울 미래는 위치 기반 증강현실 게임 포켓몬고에 빠져 지냈습니다. 스마트폰에서 벗어나 실제 공원이나 광장에서 포켓몬을 잡느라 시간 가는 줄 몰랐어요. 많은 사람들이 스마트폰을 쳐다보며 공원에서 함께 포켓몬을 잡는 모습이 신기하기도 했지요. 또 포켓몬이 유명 관광지나 의미 있는 역사적 장소에 등장할 때가 많아 동네에 그런 장소들이 있다는 것도 처음 알았답니다.

GPS와 각종 센서들

포켓몬고 같은 증강현실 게임이나 기어 VR 같은 가상현실 장치를 개발하려면 어떤 기술이 필요할까요? 우선 포켓몬을 잡을 수 있는 장소인 포켓스톱을 정하려면 GPS가 있어야 합니다. 또 포켓몬이 등장하는 증강현실을 구현하려면 현실 세계를 찍어야 하니 카메라도 있어야지요. 게임을 하면서 휴대폰을 돌릴 때마다 화면이 바뀌려면, 가속도 센서, 자이로스코프 센서, 중력 센서도 필요합니다. 물론 화면을 출력하는 디스플레이 기술이나 데이터를 주고받는 무선통신 기술은 반드시 필요한 기본적인 기술이고요.

GPS는 일상생활에서 스마트폰이나 내비게이션을 사용할 때 많이 쓰입니다. 미국 국방부에서 개발해 군사용이나 민간용으로 사용되고

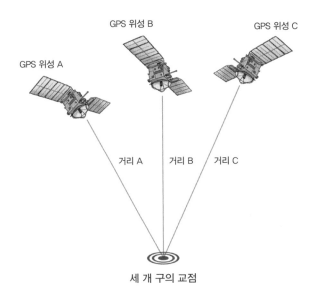

GPS는 세 개의 위성에서 거리를 측정합니다. ⓒ 안희원

있어요. GPS를 작동하려고 지구 위에 서른 개의 위성이 돌고 있지요. 그중 스물네 개의 위성이 지구의 궤도면에 분포하며 사용자의 위치를 측정하는데요. 나머지 여섯 개의 위성은 다른 위성에 문제가 생겼을 때 기존 위성을 보조합니다.

GPS는 세 개의 위성에서 거리를 측정합니다. GPS로 여러분의 위치를 어떻게 알아내는지 살펴볼까요. 하나의 위성으로부터 여러분이 있는 한 점까지 정확한 거리를 알고 있다면 그 점의 위치는 위성을 중심으로 하는 구면의 어느 한 지점이 됩니다. 만약 두 개의 위성에서 그 점까지의 거리를 측정하면 두 개의 구면이 겹치는 원 위의 한 지점이 현재 위치가 되며, 세 개의 위성과 그 한 점의 거리를 측정하면 현재 위치는 세 개의 구면이 겹치는 두 지점 중에 한 곳이 됩니다. 두 지점 중 한 지점은 위치를 지구상에 표시하면 지각 안쪽이나 바다 위일 확률이 높아요. 따라서 나머지 한 지점이 현재 위치가 되지요. GPS 확인 앱에 들어가 보면 지금 신호를 받는 위성을 확인할 수 있습니다.

그런데 GPS가 실시간으로 위성에서 신호가 들어오는 정확한 시간을 재려면 오차를 보정하기 위한 위성이 필요합니다. 즉 최소 네 개의 위성이 필요한 것인데요. 정확도를 높이기 위해 더 많은 위성에서 정보를 얻는 경우도 늘어나고 있습니다. 이러한 GPS 기술은 전파가 통하지 않는 실내에서는 사용이 불가능한데요. 이를 해결하기 위해 기지국의 전파와 와이파이 위치를 파악해 위치 정보의 정확도를 높이고 있습니다.

GPS 외에도 증강현실과 가상현실을 구현하기 위해 기본적으로 필요한 센서들이 있습니다. 그 가운데 가장 많이 쓰이는 센서는 가속도 센서와 자이로스코프 센서예요. 가속도 센서는 이름 그대로 시간에 따라 속도가 변하는 정도를 나타내는 가속도를 측정하는 것으로, 지표면을 중심으로 사용하는 기기의 기울기, 가속도 등을 측정합니다. 휴대폰을 옆으로 돌리면 자동으로 화면이 회전하지요. 여기에도 가속도 센서가 쓰여요. 자이로스코프 센서는 원래 항공기의 관성항법장치에 쓰이던 것인데요. 가속도 센서로 측정이 어려운 회전하는 운동에 대한 데이터를 계산합니다. 팽이와 비슷하게 생긴 센서가 각 축에 대해 시간에 따라 회전하는 속도를 측정하지요.

센서 확인 앱Z-Device Test을 보면 센서의 측정 단위를 통해 가속도 센서와 자이로스코프 센서의 차이를 알 수 있습니다. 가속도 센서는 m/s, 자이로스코프 센서는 rad/s를 사용하는데요. 두 가지 센서가 서로 기능을 보완하며, 우리가 스마트폰 화면을 움직일 때 자체 센서로 위치를 인식할 수 있게 도와줍니다. 자이로스코프 센서는 원래 항공기의 엔진과 그 크기가 비슷한 규모의 장치입니다. 작은 자이로스코프도 휴대폰보다는 커요. 하지만 지금은 스마트폰과 같은 작은 장치에서 사용하고 있는데요. 바로 미세전자기계시스템 MEMS, Micro Electro Mechanical Systems 덕분입니다.

MEMS는 반도체 제작 기술에서 발달한 것으로 반도체 칩 위에 올라가는 정밀한 극소형의 기계장치입니다. 현미경으로나 관찰할 수 있을 정도로 우리 눈에 보이지 않는 크기예요. 매우 작은 톱니바퀴 등을 이용해 자이로스코프 같은 각종 센서를 만드는데 벌레보다도 훨씬 작습니다. MEMS의 발달로 GPS나 가속도, 자이로스코프 센서의 크기가 작아지고 대량으로 생산할 수 있게 됐어요. 최근에는 이런 센서들을 하나로 합친 형태의 칩도 많이 나오고 있습니다.

계속해서 빨라지는 데이터 처리 속도

컴퓨터나 스마트폰과 같은 제품들이 데이터를 처리하는 속도가 급속도로 빨라진 것도 증강현실이나 가상현실 장치가 발달하는 데 크게 영향을 미쳤습니다. 무어의 법칙 Moore's Law이라고 있습니다. 인텔사의 공동창업자인 고든 얼 무어 Gordon Earle Moore가 1965년에 발표한 것으로 컴퓨터 칩의 기술발전 속도에 대한 법칙이지요. 직접회로에 쓰이는 트랜지스터의 집적도가 2년마다 두 배가 된다는 내용이에요.

이 법칙에 따르면 18개월마다 컴퓨터의 저장용량은 두 배로 커지고, 처리 속도는 두 배로 빨라집니다. 두 배면 별것 아닐 것 같지만 18개월마다 두 배씩이므로 지수 단위로 늘어나요. 즉 36개월이 지났을 경우 컴퓨터의 성능이 기존보다 23배 향상되고, 180개월 뒤라면 210이 향상되는 것이지요.

실제로 2000년대 초반까지는 무어의 법칙에 따라 1960년대에 비해 컴퓨터의 성능이 수억 배 향상됐습니다. 하지만 2000년대 이후로 반도체의 크기를 더 이상 줄이기 어려워지고, 물리적인 한계로 발열 문제도 생겨 2016년 결국 반도체 업체들은 무어의 법칙을 공식적으로 포기했어요. 하지만 현재 우리가 쓰는 스마트폰의 CPU의 처리 속도만 해도 1980년대 쓰이던 거대한 슈퍼컴퓨터보다 빠르답니다.

또 무어의 법칙과 비슷하게 반도체 메모리 용량이 증가하는 수치를 예상한 황의 법칙Hwang's Law이 있는데요. 2002년 삼성전자 황창규 사장이 만든 것으로 1년마다 메모리의 용량이 두 배씩 증가할 것이라 예상했어요. 실제로 2002년 2기가바이트, 2003년 4기가바이트, 2004년 8기가바이트, 2005년 16기가바이트, 2006년 32기가바이트, 2007년 64기가바이트 제품을 만들어 법칙을 증명했으나 2008년에 법칙이 깨졌습니다. 이렇게 CPU의 처리 속도가 빨라지고 저장 매체의 가격이 내려가면서 다양한 증강현실과 가상현실 장치들이 놀라운 서비스를 제공할 수 있게 되었지요.

HMD는 머리 부분에 장착해 눈앞에서 영상을 재생하는 장치로 증강현실이나 가상현실 프로그램에서 자주 쓰이고 있는데요. 증강현실 장치인 마이크로소프트의 홀로렌즈, 가상현실 장치인 구글 글래스, 오큘러스 리프트, 바이브, 플레이스테이션 VR 등이 모두 HMD 방식이에요. 90년대에 나온 HMD는 크기도 매우 크고 해상도도 떨어져 실감나게 화면을 구현하지 못했어요. 1995년에 나온 닌텐도의 버추얼 보이는 출시 1년 만에 판매를 중단해야 했지요. 요즘은 센서의 크기가 작아져 작은 장치에도 여러 센서가 들어갈 수 있습니다. 또 디스플레이 기술이 발달하고 시야각이 개선돼 기기들이 점점 현실에 가까운 화면을 표현하고 있어요.

증강현실과 가상현실의 미래

얼마 전 소니마저 3D 텔레비전 생산을 중단하면서 이제 3D 텔레비전은 시장에서 모두 철수했습니다. 3D 텔레비전은 사용자가 편리하게 쓸 만한 기술적 완성도를 갖추지 않은 상태에서 무리하게 제품이 출시됐어요. 비싼 가격에 비해 콘텐츠도 충분하지 않았고 사용하기에도 불편한 점이 많았습니다.

증강현실이나 가상현실 장치 역시 사용해 본 사람들은 HMD가 너무 무겁다거나, 유선이어서 불편하다고 말합니다. 멀미를 느끼거나 눈이 아프다는 사람도 있어요. 또 안경을 쓰는 사람은 HMD를 사용하기 불편하지요.

하지만 사람들은 좀 더 새롭고 편리한 기술에 열광합니다. 증강현실과 가상현실 장치들이 더 발전하면 인터넷이 사람들의 연결 방식을 바꾸었던 것처럼 새로운 혁신이 일어날 거예요. 직접 가 보기 힘든 곳의 풍경을 보거나 쉽게 도전해 보지 못한 체험을 부담 없이 할 수 있게 될 거예요. 증강현실과 가상현실은 사람과 사람이, 사람과 세상이 만나는 방식을 어떻게 바꿀까요?

찾아보기

찾아보기

다른 포스트

뉴스레터 구독

세상을 바꿀
미래 과학 설명서 1
스마트한 세상과 인공지능

초판 1쇄	2017년 7월 28일
초판 8쇄	2020년 3월 1일

지은이 안종제, 심선희, 정지수

펴낸이 김한청
기획편집 원경은 차언조 양희우 유자영
마케팅 정원식 이진범
디자인 이성아
운영 설채린

펴낸곳 도서출판 다른
출판등록 2004년 9월 2일 제2013-000194호
주소 서울시 마포구 동교로 27길 3-10 희경빌딩 4층
전화 02-3143-6478 **팩스** 02-3143-6479 **이메일** khc15968@hanmail.net
블로그 blog.naver.com/darun_pub **인스타그램** @darunpublishers

ISBN 979-11-5633-165-0 44400
      979-11-5633-168-1 (세트)

* 잘못 만들어진 책은 구입하신 곳에서 바꿔 드립니다.
* 이 책은 저작권법에 의해 보호를 받는 저작물이므로, 서면을 통한 출판권자의
  허락 없이 내용의 전부 또는 일부를 사용할 수 없습니다.

다른 생각이
다른 세상을 만듭니다